清凉文丛
理海主编

清凉茶语

葛长森 著

东南大学出版社
南京

图书在版编目(CIP)数据

清凉茶语 / 葛长森著. —南京 ：东南大学出版社，2019.2

（清凉文丛 / 理海主编）

ISBN 978-7-5641-8295-3

Ⅰ.清… Ⅱ.葛… Ⅲ.①茶文化—中国—文集 Ⅳ.①TS971.215-3

中国版本图书馆 CIP 数据核字(2019)第 027215 号

清凉茶语

著　　者：葛长森
责任编辑：许　进
出 版 人：江建中
出版发行：东南大学出版社
社　　址：南京市四牌楼 2 号　邮编：210096
经　　销：全国各地新华书店
印　　刷：徐州绪权印刷有限公司
版　　次：2019 年 2 月第 1 版
印　　次：2019 年 2 月第 1 次印刷
开　　本：700mm×1000mm　1/16
印　　张：14.5
字　　数：130 千字
书　　号：ISBN 978-7-5641-8295-3
定　　价：98.00 元

道森居士惠存
金陵茶人
清凉古寺理海

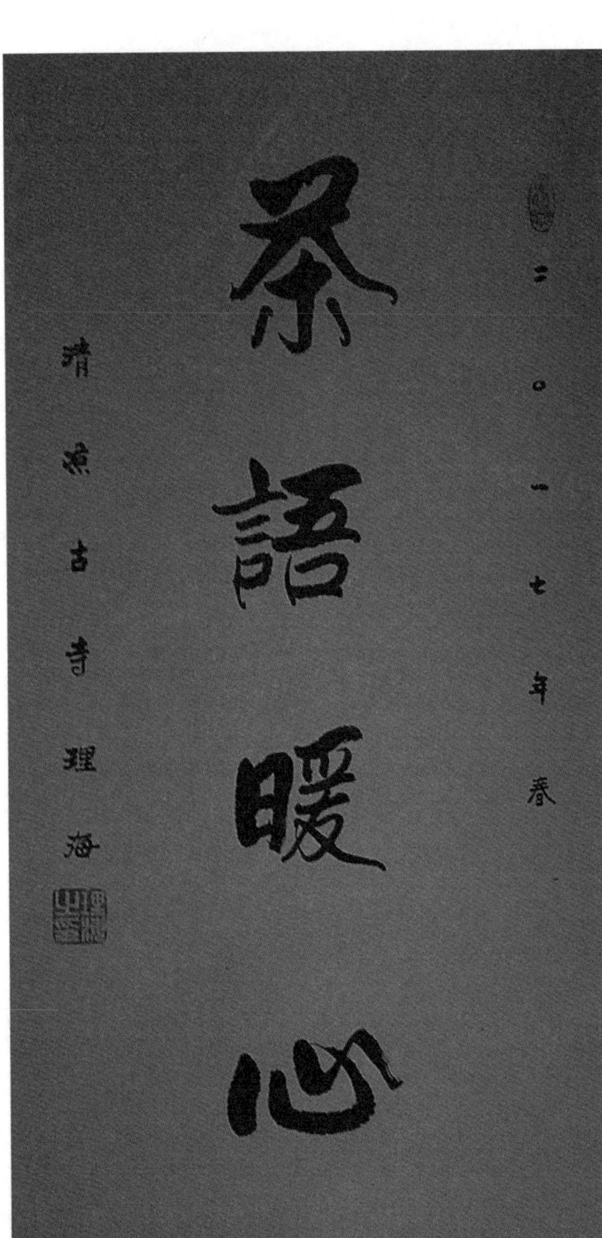
茶語暖心
二〇一七年春

序·茶语暖心

达摩祖师云:“吾本来兹土，传法度迷情。一花开五叶，结果自然成。”佛教禅宗一花五叶之一的法眼宗祖庭南京清凉寺，与茶有着深厚的因缘。

茶是禅的助缘。赵州禅师的“吃茶去”，曾令无数禅者明心见性。寺院的饮茶规范甚至纳入了《百丈清规》，流传至今。

当年，清凉文益禅师曾在清凉寺专设茶堂，以茶待客，解疑释惑；寺僧还在还阳泉旁设置茶台，“以此泉饷客”；每逢农历七月的地藏月及观音法会等重大活动，更是增设茶棚，广施大众，普结善缘。

至于文人墨客清凉问禅，少不了品茗叙事、吟诗谈文，这又成就了清凉山历史上的诸多雅集，流韵芬芳。

清代，人们将栖霞寺的摄山茶、宏觉寺的天阙茶、清凉寺的清凉山茶，称为金陵地方三大名茶，款款清心，透着古意禅风。

生活中能与禅茶结缘是有福的，不是一般人羡慕的金银富贵、声名显赫，也不是乐享天伦、事业发达，它是无事之清福。

宋代慧开禅师集禅门公案作《无门关》，其中有偈曰:“春有百花秋有月，夏有凉风冬有雪。若无闲事挂心头，便是人间好时节。”

金陵著名茶文化专家葛长森(道森)先生的《清凉茶语》便是借一壶茶，把人间闲事由浓看淡，将人生画卷删繁就简，是愿以无事的心，从红黄黑白青绿的每一款茶中品出人生的自在神韵。

《清凉茶语》在清凉寺网站连载，历时近两年，始于繁花似锦的春日，结于黄叶满地的深秋。七十余篇，一如炭火烹茶，细品尘世间所蕴含的无尽法喜。

是知清凉有缘，吃茶静心，茶语暖心。

理　海

戊戌仲秋于清凉小院

CONTENTS
目录

第三辑　茶心/113

第一辑

茶韵

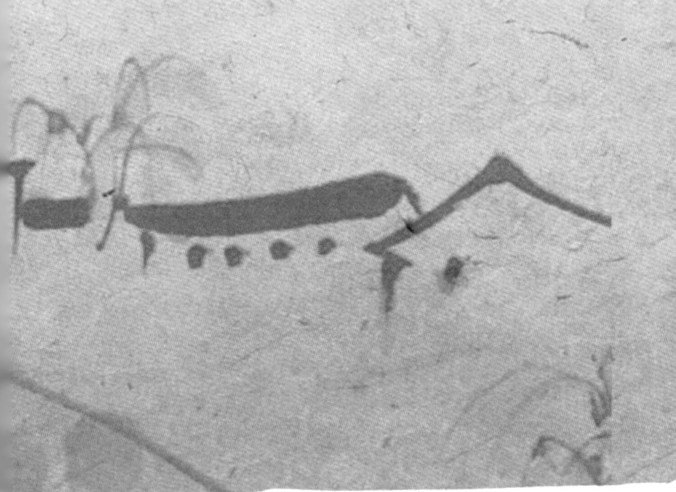

一、茶和“茶”字的来历

相传在原始农耕时期，采百草的神农氏，在深山中的野树下架锅生火煮水，一阵清风吹来，树上飘下几片嫩叶，落入鼎沸的水中。一缕清香四溢，神农氏舀起一瓢，一饮而尽，顿觉口甘生香,神清气爽。相传“神农尝百草，日遇七十二毒，得茶而解之。”

神农氏时期，人类刚刚从野蛮步入文明，进入到原始农耕时期。也正是在这时期，人们发现了茶。茶最早是作为药用而被发现的。神农氏“以茶解毒”即说明了这个问题。

西周时期，巴蜀一带的人们也已经将茶作为药用。巴蜀地区，向为疾疫多发的“烟瘴”之地,所以巴蜀人平常饮食偏多辛辣。正是这种地域自然条件和由此决定的

“茶”字的多种写法

小篆

隶书

行书

楷书

神农氏画像

人们的饮食习俗，使得巴蜀人“煎茶”服用以除瘴气、解热毒。久服成习，药用的目的逐渐隐没，茶于是成了一种日常饮料。

到了唐代，陆羽将“荼”字减去一横，便成为今天的“茶”字。

“茶”字，草当头，木为根，人在中，合在一起的意蕴就是“人居草木中”。人得草木润泽而生息，草木得人呵护更繁茂，这就是“天人合一”的自然规律，也正是中华茶道的文化渊源。

千百年来，人们一直视茶为上品。饮茶，不只让人解渴，更可寄托思念，感受情怀，宁静致远，沉淀岁月。宋代苏轼曾作“从来佳茗似佳人”之诗句，他将好茶比作美人，一片叶子，品评至极，前朝后代，无与伦比。赏诗文之优美，品佳茗之韵味，也尽在于此了。

草书

二、读《茶经》说陆羽

谈茶，绕不开《茶经》与陆羽。经书是指佛学典籍，不是佛经称之“经”的，只有《茶经》这本书，可见其地位的崇高。

陆羽是弃儿，不知父母是谁，被寺院收养,13岁才离开寺院。陆羽长大后，在读《易经》时读到“鸿渐于陆，其羽可用为仪，吉。”他根据这句话给自己取名。渐是渐进之意，鸿是鸿雁。陆羽自定姓“陆”，取名为“羽”。他的名及字，是说父母生了他,他就像大雁从海上飞来，寻找可以栖息的山水陆地。而他以后寻找的植物，就是茶树。

陆羽21岁时，从湖北竟陵出发考察茶事。“安史之乱”迫使他随关中难民南下，756年秋，他随流民过江后，即沿长江对江南山川江河、风物特产尤其是茶树名泉作实地考察。经安徽、江苏到了浙江。一路的考察令他大开眼界，促使他对茶进一步思考。在浙江湖州居住下来后，边撰稿边外出调查。每年茶季开始，他就背负采制工具，前往浙西、苏南等地深山采茶。他朝攀层崖，暮宿寺院、荒村，饥食干粮，渴饮泉水。他曾途经江宁傲

陆羽塑像

山时，发现一片茶林，他随即记录下来："润州，江宁县生傲山。"后来他把这处产茶地写进了《茶经》书里。

765年，陆羽写出了《茶经》初稿,此后，经过十年的反复修改，于775年定稿，780年《茶经》刻印问世。

《茶经》的完成，陆羽名声大噪。皇帝召他当太子的老师，他不去就职。皇帝改任他为主持祭祀的官，也避而不就。陆羽不羡高官厚禄，不羡荣华富贵，他热衷茶事，以茶事善其身，追求的是自然人生。

《茶经》共有三卷，分为10章，计7000余字。书中论述了茶的性状、品质、产地、采制和烹饮的方法以及煮饮茶的用具等。字约而内丰,涉及植物、生态、生化、药理、水文、铸造、制陶以及民俗、训诂、地理、史学、文学等多方面知识，反映了陆羽丰富的实践经验和渊博的学识。

在《茶经》中，陆羽分析并总结了从汉到唐的茶事经验，首次把饮茶当作一种艺术过程来看待。他创造了从采茶、制茶、烹茶、斟茶到茶具、茶器等一套中国茶艺。这就将本来只是作为日常生活中的普通行为的饮茶，提高为一种充满情趣、充满诗意的文化现象，升华为茶文化。

其次,陆羽还把本来源于物质需求的饮茶活动，从人的饮食活动中区分出来，强调茶人的品格和思想情操，把饮茶看作"精行俭德",进行自我修养，锻炼志向，陶冶情操的方法，也就是"茶道"。

同时，陆羽将中国儒释道的思想文化精神渗透在饮茶艺术中。他所创茶艺，无论形式、器物都体现了和谐统一。

陆羽儿时被寺院收养，在智积法师身边当小沙弥，学习佛教经典。其师智积爱饮茶，也亲自种茶，给陆羽以深刻印象。陆羽写《茶经》时所居之湖州杼山，同样是寺院胜地，又是产茶盛地。因而，他在《茶经》中希望茶人通过饮茶把自己与山水、自然、宇宙融为一体，在饮茶中求得精神开释。这与禅宗“静心”“自悟”的主旨完全一致。

陆羽的《茶经》芳韵长存，陆羽的功绩永垂青史。晚唐时，陆羽被人称为“茶神”，以后又被尊为“茶圣”。

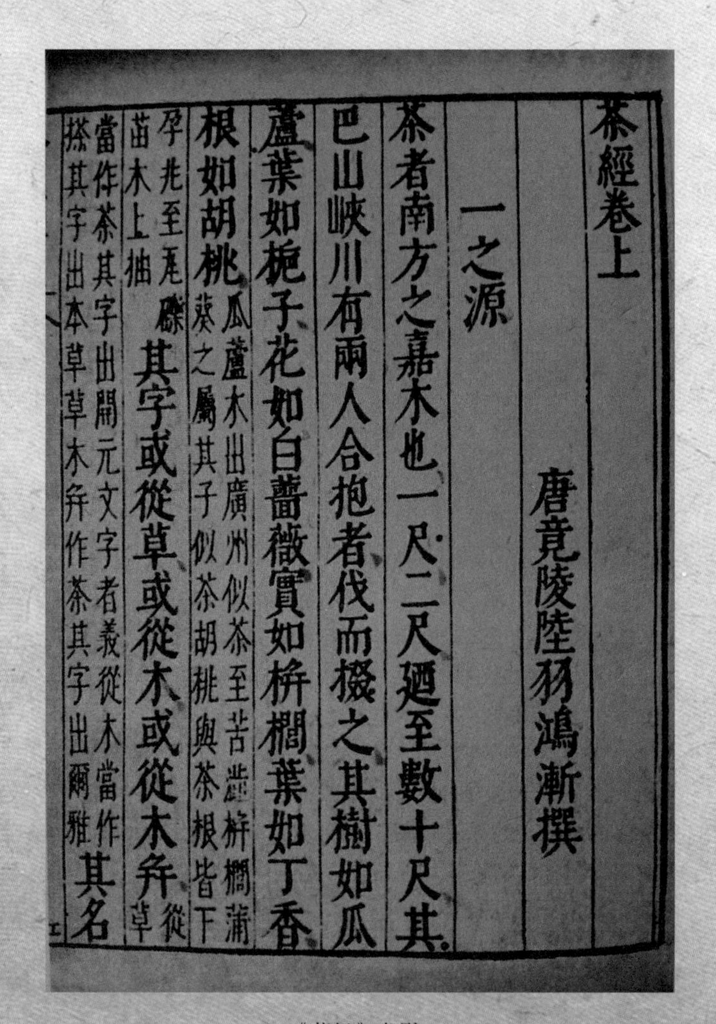
茶經卷上

唐竟陵陸羽鴻漸撰

一之源

茶者南方之嘉木也一尺二尺迺至數十尺其巴山峽川有兩人合抱者伐而掇之其樹如瓜蘆葉如梔子花如白薔薇實如栟櫚葉如丁香根如胡桃瓜蘆木出廣州似茶至苦澀栟櫚蒲葵之屬其子似茶胡桃與茶根皆下孕兆至瓦礫苗木上抽其字或從草或從木或從木幷從草當作茶其字出開元文字音義從木當作搽其字出本草草木幷作荼其字出爾雅其名

《茶经》书影

三、陆羽与颜真卿

唐代中叶，大书法家颜真卿与金陵结下不解之缘。758年他被皇帝从饶州刺史调任为昇州刺史，并兼军使，掌管金陵地区的军政事务。

一次，他巡查到乌龙潭，看到这里水患严重，他下令认真治理。治理后的乌龙潭潭影洁清，花草幽香。

他上书皇帝，请求同意在全国各地设81处放生池，唐肃宗同意了他的请求。其中一处放生池即在乌龙潭，这是当时全国面积最大的一处放生池，他还为此书写了《天下放生池碑铭》，皇帝也称颂他的善举美德。乌龙潭曾由寺僧日常管理，也是著名寺院清凉禅寺的放生池。

唐·颜鲁公像

772年,颜真卿被调任湖州刺史。他胸怀博大、性格刚直,学识渊博、书艺高超，一到湖州，很快表现了他的人格魅力和艺术感召力，团聚了50多位知名文人才士，形成一个儒释道会流、诗茶禅合一的局面。

颜真卿书法

居住在湖州写《茶经》的陆羽，正是在这样的氛围中扩大了视野，增长了见识。

颜真卿到湖州时，已经64岁了，陆羽才39岁。颜真卿慧眼识才，平等论交。颜真卿与陆羽，一官一民，他们结为了忘年交。颜真卿的道德修养、书艺文章皆为陆羽仰慕，陆羽治学严谨、精通茶艺深得颜真卿的钦佩。陆羽引领颜真卿看他的茶园，颜真卿听陆羽关于茶的娓娓叙述，让他流连忘返。

颜真卿一直有个志向，欲编一本《韵海镜源》。他在湖州邀名士组建了编写班子，陆羽在受邀之列，并被排在第三位。全书规模大到足有360卷，编者达50多人，这部巨著编成后献给了朝廷。陆羽在参加编写过程中，接触到大量史料，为他写《茶经》提供了方便。

颜真卿到湖州的第二年还自己筹集资金，在妙喜寺之东南为陆羽建一个亭子。这年的农历十月廿一，亭子建成后就赠予陆羽。由于恰是癸丑年、癸卯月、癸亥日，陆羽十分欣喜地命名为“三癸亭”，颜真卿称赞陆羽亭子的名字起得好，欣然为之书了匾额。《三癸亭》是茶史上的丰碑，后人把这里当作茶文化的祖庭。

不久，颜真卿又帮助陆羽在湖州青塘村建房安居，命名为“青塘别业”。湖州盛产桑麻，陆羽据此自号“桑麻翁”。陆羽在青塘别业居所修改完成了《茶经》。

正因为有颜真卿的鼓励、支持、帮助，陆羽顺利地写就了《茶经》。颜真卿是将陆羽推向辉煌的关键人物。

“三癸亭”等遗迹为后人留下了纪念颜真卿和陆羽的地方。

金陵老百姓也在乌龙潭畔建“颜鲁公祠”，以纪念颜真卿。

颜真卿在乌龙潭写下的《天下放生池碑铭》，与他在湖州写的《三癸亭》匾额一样，流传后世。

凡是为民众做过善事，为文化发展做过贡献的人，都会受到民众的爱戴。人们敬重陆羽，同样也敬重颜真卿。

四、柴米油盐酱醋茶

“开门七件事，柴米油盐酱醋茶”，这是人们常说的一句谚语。自宋代以后，人们就开始流传此类说法。

北宋时，曾任宰相的王安石也强调了茶在日常生活中的重要：“茶为之民用，等于米盐，不可一日以无。”茶已是人们每天不可或缺的。

当时有一位文人写道：

早晨起来七般事，
油盐酱豉姜椒茶。

这里的“早晨起来七般事”说法与“开门七件事”稍有不同，反映了宋代人的饮食风尚。但这里的七般事，也没有少了茶。到了元代，明确有了“柴米油盐酱醋茶”的说法。

元代杂剧里有一首诗：

教你当家不当家，
乃至当家乱如麻。
早起开门七件事，
柴米油盐酱醋茶。

这首诗，道出了青年人成家立业后的家务难。

这七件事说法顺口，确是民众日常生活必需，在人们的口语中定型了。以后各朝代,虽然南北有异,食俗不同，贫富相差，但人们基本上都把开门七件事的内容称为“柴米油盐酱醋茶”。

“柴米油盐酱醋茶”的顺序是有道理的。柴米油盐是开门大事的重中之重,温饱不愁,七件事中最后一件“茶”才能进入议事日程。

明代丁云鹏绘《玉川煮茶图》（局部）

历史上由于生产力水平及社会制度，人民生活贫困，有时这七件事每一件都难以得到保障。有一首诗里是这样倾诉：

开门七事愁煞她，柴米油盐酱醋茶。
好在三味不须买，肚内尽是酸苦辣。

这首诗描摹了女子愁苦心绪，生活中尽是酸苦辣。诗句明显带有调侃的意味，是含泪的苦笑，满腹酸苦辣难以尽述。

还有这样一首：

柴米油盐酱醋茶，而今件件费绸缪。
吞声不敢长嗟叹，恐动高堂替我愁。

这首诗写得更为敦厚感人。家中这七件都已接济不上，生活有难了，作者仍然愁而不叹，唯恐让年岁已高的父母知道了更为忧愁。一片孝子之心，跃然纸上。

在特定情况下，也有人把“茶”放在七件事之首。明代有家茶馆为了突出自己经营特色，特请一位名家写了这样一副对联：

八功德水，无过甘滑香洁清凉；
七家常事，不管柴米油盐酱醋。

现在，人们与茶是“相依为命”，茶已融入日常起居生活中，乡亲友朋来往的情感交流中。特别是一些少数民族地区，由于所处地域的气候干燥、寒冷，及其饮食结构的原因，生活中更是离不了茶。“宁可三日无粮，不可一日无茶”，“一日无茶则滞，三日无茶则病”，是少数民族人们生活的真实写照。

当今，虽然开门七件事仍有人常挂在口头，但毕竟时代不同，绝大多数人家已把这七件事当作小事，用不着大操心了。

人们操心的重点已转移到关心这些生活必需品的质量、养生及其环保等问题上了。

五、琴棋书画诗酒茶

“琴棋书画”被称为是文人四艺，是古代文人尘世凡俗之外修身养性、澡雪精神的灵魂寄托。“琴棋书画”这四艺很雅致，是高度抽象的艺术形式，正是这些文艺形式的遗留，才让今人触摸到古代文化底蕴的博大精深。

文人雅事还有“生活四艺”，即焚香、点茶、挂画、插花，这些则是文人轻松自在的消遣和娱乐方式，所以又被称为“四般闲事”。

为与“柴米油盐酱醋茶”七件俗事相比较，“文人四艺”与“四般闲事”综合起来，被概括为“琴棋书画诗酒茶”。

“柴米油盐酱醋茶”是百姓居家生活的开门之事。

“琴棋书画诗酒茶”是文人墨客从庸碌琐碎的日常里淬炼出来的生活美学。

不论是“文人四艺”还是“四般闲事”，这些看似文人的闲散之事，但并不是闲着没事，也不等同于空泛和不负责任的个人享乐主义。

“琴棋书画诗酒茶”，是中国独特的文化内涵的彰显。它是人的情感的寄托，心声的共鸣，凸显了人的生命智慧、智能创造和对于真善美的追求，也是一种淡泊明志、宁静致远的人生的追求。在这个追求中，人可以进入无我无物的精神境界，而享受琴棋书画等所赋予美的愉悦和快乐，演出天籁、人籁与我心籁合奏的交响曲。

与“柴米油盐酱醋茶”一样，“琴棋书画诗酒茶”里，茶都排列在最后。但是“茶”的影响力并不小。一副联语写道：

明代文徵明绘《品茶图》（局部）

貌似低微，屈从柴米油盐酱醋；

心存高旷，直比诗词书画琴棋。

甚至有时茶的作用是居于首位。清代著名文人樊增祥清醒地认识到这个问题，他写诗道：

茶琴棋酒米盐薪，

雅俗参差备一身。

他把雅与俗的七件综合在一起，挑出了雅与俗必备于一身的新七件，茶则处于主导地位。

另外一位文人也有一联：

开门七件事，知人待客茶当先；

落笔八斗才，赋诗填词茗助兴。

说得更明白：无论是粗茶淡饭的俗饮还是茶助文思的雅品，茶总是伴随着人们的生活。

“柴米油盐酱醋茶”，这里的茶是生活层面的。口渴一杯，饭后一碗，闲时一口，来客一盏，无所谓繁缛程序，不追求奢侈豪华。

“琴棋书画诗酒茶”，这里的茶是精神层面的。进入此领域的，面对那一盅茶，不再是简单的泡喝，而是品味，体悟其中的意趣。或邀集友朋同乐同享，乃至以诗、书、画等助兴，茶玩上了高端，玩到极致。

当然，物质生活对于人们来说是首先要解决的。肚皮吃不饱绝不会有琴棋书画诗酒等雅兴。清代袁枚曾引用一首诗：

书画琴棋诗酒花，

当年件件不离它。

而今七事都变更，

柴米油盐酱醋茶。

袁枚清醒认识到，富裕生活充满闲情逸趣，而一旦落到为生活奔波的境地时，“柴米油盐酱醋茶”就悄然取代“书画琴棋诗酒花”了。

六、茶叶陆上丝绸之路

中国是茶叶的故乡。世界上所有有饮茶习惯的国家，其茶的知识，都是直接、间接从中国传播出去的。

汉代时，汉武帝派张骞两次出使西域，张骞的驼队带上牛羊、丝绸等礼品到了月氏、大宛、于阗等地，丝绸通过这条路运到了西域，再由西域转运到西亚，再转运到欧洲，后来人们就把这条路称为“丝绸之路”。

历史上最早的茶叶输出是在南朝梁武帝时，当时是以物易物，贸易对象是土耳其商人，交易地点是在蒙古边界。

到了唐代，中原的饮茶习俗已向吐蕃和回纥少数民族聚集地方传播，这就为茶叶大量输入中亚和西亚创造了条件。

20世纪初在敦煌石窟发现文献《茶酒论》，说唐朝茶叶是“浮梁、歙州，万国来求”。浮梁，即今景德镇；歙州，即今婺源。茶叶输出则从敦煌到阿富汗、伊朗等处。阿拉伯人所著《印度中国航海记》载：唐宣宗大中五年(851)“(中国)有一种冲入热水以为饮品的植物……其名为sakn，中国各都邑皆有贩卖……此物有苦味。”自唐算起，阿拉伯地区知道并饮用茶亦有千余年历史了。

10世纪时，蒙古商队来华贸易，将中国的砖茶经西伯利亚带到中亚以远。元代蒙古人在马背上建立了贯通欧亚的大帝国，饮茶也随之大规模地在阿拉伯半岛和印度传播，这时“丝绸之路”变成了一条名副其实的“丝茶之路”。各国的商队翻越帕米尔高原，源源不断地将中国茶输向各国。

俄国为气候严寒地带，古代交通又不便，中国茶叶传入那里，时间稍迟些。明代末年，俄国沙皇得到茶叶，经御医鉴定可治伤风和头痛，沙皇开始将茶当药物饮用。以后，俄使臣多次来访中国，清康熙皇帝还送过茶叶给沙皇，到1679

敦煌出土的牵驼砖，反映了当时丝绸之路繁忙的贸易往来

年中俄签订茶叶协议后，茶叶就陆续销往俄国了。清朝末年，俄国开始从中国引种子试种茶苗，还聘中国技师去做技术指导。

中国茶输入俄国，“因陆路所历风霜，故其茶味反佳，非如海船经过南海暑热，致茶味亦减”。所以马克思曾在一篇文章中写道：“(中国茶)其中大部分是上等货，即在大陆消费者中间享有盛誉的所谓商队茶，不同于由海上进口的次等货。”

至今，俄罗斯是仅次于英国的饮茶流行广泛的国家。因受中国北方官话的影响，俄罗斯人称呼茶曰“柴”，茶柴二音相近。在俄罗斯,“茶”字成为许多文物的代名词,在一些社交、文化活动中也用“茶”字,如给小费便叫“给茶钱”。

今日，随着我国“一带一路”倡议的实施，沿欧亚大陆桥(铁路、航空等交通)，茶叶的对外贸易继续着传统的“丝绸之路”，特别是当地人民喜爱的中国优质红茶更多地流向中亚、欧洲等地区。

七、茶叶海上丝绸之路

茶叶传播也有海上“丝绸之路”。海路传播主要是通过东海传播到日本、韩国、朝鲜。通过南海，穿过马六甲海峡，到印度洋、波斯湾、地中海，沿途输往南亚、北非、中东及欧洲各国。

茶叶传播“丝绸之路”有多种渠道。一是通过来中国的僧侣和使臣，将茶叶带回国；二是通过中国派出的使节以馈赠形式，将茶叶作为礼品与各国上层交换；三是通过贸易往来，将茶叶作为商品向各国输出。

唐代，日本高僧最澄赴中国浙江天台山国清寺学佛，返日时，带回茶种。之后，日本学僧空海来中国留学，也把茶籽、茶饼带回。到了宋代，日本荣西禅师两度来中国浙江天台山学禅。宋代点茶风习很盛，给荣西禅师留下很深印象。他回国时带去很多茶树种子，在多个寺院栽种。他还用汉文写了《吃茶养生记》，为后世日本茶道的形成打下了基础，荣西被日本民众称为“日本陆羽”。

随着明朝航海事业发展和郑和七下西洋，大开了海外饮茶之风。在郑和下西洋近30年期间，各国使臣往返不绝于途，中国与南亚、西亚二三十个国家通商往来。永乐二十一年(1423)，各国使臣和商人来南京的就达1600多人，以他们带来的土特产，换取明朝的陶瓷、丝绸、茶叶等物品。

明代中后叶，欧洲的葡萄牙、荷兰、法国、英国及美洲的美国的商人、传教士先后来到中国，为欧洲引进了大批茶叶及陶瓷茶具。一般认为，在16世纪中叶左右，欧洲人接触到茶的信息，早期主要是通过葡萄牙、西班牙等西方殖民主义者东侵后获得的。1607年，荷兰商船自爪哇来澳门运载绿茶，1610年运回欧洲，嗣后茶不断从海路输入欧洲，饮茶习惯逐渐在荷兰兴起，并影响整个欧洲。

1658年英国商人首创在当地咖啡馆兼卖茶叶，并在报纸上做广告，这是世界上第一个关于茶叶的广告，引起英国人对茶叶的兴趣。到19世纪初，英国饮茶之风盛行，以至形成喝下午茶的传统，即下午3点45分开始，暂停工作或休息片刻，让员工们去喝下午茶。记载英国饮茶的文献中说："没有什么比茶叶更加理想。她柔和的芳香，清甜的口味，既止渴，又有营养。"因此有茶水供应的咖啡馆成了公众的讨论地点，在那里既能闻到茶水的芳香，又可听到丰富多彩的演说。

从18世纪到鸦片战争前夕，茶叶是中国最重要的出口商品。鸦片战争后至19世纪中期，国门洞开，列强入侵，刺激了茶业经济的畸形繁荣，中国茶通过海上输出达到了高峰。19世纪下半叶起，国内局势持续动荡，茶叶生产技术和经营方式落后，以及印度、锡兰等国茶叶生产崛起，成为中国茶在海外市场的主要竞争对手，中国茶在国际市场竞争中失去了主流地位。历史的教训值得认真研究和总结。

当今，国力的强盛，茶叶生产技术、经营能力的提高，"一带一路"倡议的实施，为中国茶叶复兴发展提供了良好的机遇，也是强烈的历史的呼唤。

现在，世界各种语言"茶"的语音都是源于中国。

凡是唐宋时期从陆路丝绸之路，由长安、敦煌而销往中东、西亚、东欧的国家，“茶”字来源于中国北方话的cha，如波斯语chay，俄罗斯语chai。

凡是从海路传入中国茶叶的国家，“茶”字语音源于福建等地的te和ti音，如英语tea，法语the。这是中国茶叶分别从陆路、海路传播到世界各地的有力证据。

八、春日，绿茶的清香流动

一年一度，春风又绿江南岸。清明已至，新炒制绿茶开始逐渐上市。

中国的茶类可以颜色来分，茶树上的鲜叶都一样，但是制成的茶品，其不同颜色是因在加工过程中发酵程度不同而出现的。以茶多酚氧化程度为序将茶叶分为绿茶、红茶、青茶（乌龙茶）、黄茶、黑茶、白茶等六大类。

绿茶种类较多。根据杀青和干燥方法不同分为蒸青绿茶（恩施玉露等）、炒青绿茶（龙井、屯绿等）、烘青绿茶（黄山毛峰等）、晒青绿茶（云南滇青等）。还有介于烘炒之间的“半烘半炒”的绿茶（太湖翠竹等）。

炒青绿茶又根据形状不同分为长炒青（雨花、信阳毛尖等）、圆炒青（珍茶、泉岗辉白等）、扁炒青（龙井、大方、旗枪等）。

绿茶是中国最主要的茶类，产量位居六大茶类之首，在整个茶的大家庭中占70%以上。它不但可以做绿茶用，还可以做成花茶、普洱茶、速溶茶等。全国十多种名茶中，绿茶占了大半，如西湖龙井、黄山毛峰、六安瓜片、碧螺春、信阳毛尖、都匀毛尖等。

绿茶，属于不发酵茶，以清汤绿叶为特征。本色，是绿茶的象征。从茶树上摘下后，绿茶是所有茶里被炒制幅度最小的，加工工艺只限于杀青、揉捻、干燥等。因此，绿茶最接近本色。

和其他茶相比，绿茶冲泡简单，常用玻璃杯。这些天生丽质的绿茶茶叶，一跳入水里，就活泼如水精灵，起舞弄倩影，或似雀舌吐声，或似兰花露蕊，或似春笋问春……叶

鲜嫩的芽茶

片在水中舒展，每一片形态各异。人们可以慢慢欣赏大自然的神奇妙曼，进而在清淡、隽永中得到享受。

在六大茶类中，有不同的色形味，绿茶是飘逸、空灵、淡雅的。因此，有绿茶是茶的最高境界一说。可由观、闻、品感官效果体会茶的真谛。观，茶叶与水的交融与分离，优美的形态变换。闻，其香淡远，袅袅绕室。品，从舌尖的味蕾，到身体的每一个毛孔，都感受到它沁人的意境。

绿茶以独特的方式参悟着人的心灵世界，营造一个清香神秘的茶境界。有人形容绿茶是一首隽永的诗，是心灵互应的一篇散文。有位作家这样写道："在春天的早晨，一杯滚水被细芽嫩叶的新茶染绿了，玻璃杯里条索整齐的春茶载浮载沉，茶色碧绿澄清，茶味醇和鲜灵，茶香清幽悠远，面对绿莹莹的满杯春色，你感到名副其实地是在饮春水了。"

茶香，一切都香。

心美，一切都美。

春日里，上茶山去，那里绿茶的清香在流动。

九、谷雨尝新茶

谷雨节气来临，我随茶园主人到茶场去尝新茶。

在炒茶房的后面有一间品茶室，茶室的茶几上供着一尊佛像、两包新茶。走进室内，给人以洁净之感。

茶园主人为我沏一杯清明前炒制的绿茶。

品茶室里，有难得的静谧之气，让人暂时放下了尘世间的纷杂。心沉寂下来，思绪慢下来，慢慢地、静静地品这杯茶。

眼前，杯里的茶叶在缓缓舒展，沁出一缕缕的清香。观其形，媚而不俗。看其色，清澈碧绿。嗅其香，淡雅幽远。品其味，一道淡、二道苦、三道爽、四道似无味，但舌尖却生出无际的甘甜。

一杯在手，让我领略到品评春天的滋味，绿色的心情在飞。因为绿茶是属于春天的。

“仙山灵草湿行云，洗遍香肌粉未匀”，每片茶叶都带着田野清新质朴的气息，都是山川自然的结晶，在云蒸霞蔚、春雨滋润中凝聚着宇宙天地的精灵之气。品味这杯新茶，自己的心灵也仿佛被放归到清新明媚的春光之中了。

浸润在这样的景况里，竟不觉得时光从指缝间轻轻地流逝，感受的是大自然呼吸的韵律，领悟的是心灵在宁静中的澄清。

这时，进来一位老茶农，问明天的工作安排。我见他食指和拇指尖已经染成了墨绿色，手上还出现了裂纹。正是他们用心经营这么一片茶园，用他们的双手采茶、杀

现代漫画家丰子恺先生绘

青、揉捻、炒制，一片片茶叶凝聚着他们艰辛的劳动。茶叶的清香芬芳、茶汤的甘醇可口是给他们最大的回报。

面前的这杯茶，热气在杯沿缠绕，我的心绪也随之起伏。品茶，真正的内涵便是品生活。有了这么一个“品”字，生活就有了滋味，甜也罢，苦也罢，人生的酸辛，就从一杯杯茶中透视出来。我们更要爱惜每一片茶叶，珍惜每一杯茶。

茶凉杯冷，不宜再品。然味无穷、思渐远。是此刻，当放下。

因为再好的茶，都会成为过去，空杯以对，才有喝不完的好茶。

佛经里有“一空万有”和“真空妙有”的禅理。“空”是“有”的最初因缘，放空自己，得大自在。空杯心态，能够让往事安眠，让当下幸福。

十、雨花茶之韵

清明后的一天，我上茶山，了解今年茶树长势。远远看见茶场大门旁竖立一块“雨花茶韵”宣传牌。

茶也有韵，表现何在？引起了思考。

南朝刘勰《文心雕龙·声律》中说：“异音相从谓之和，同声相应谓之韵。”韵原来与音乐有关。北宋有位文人说：“有余意谓之韵”，就像“闻之撞钟，大声已去，余音复来，悠扬婉转，声外之音”。

古人还说过“韵者，美之极”。凡是美的艺术作品，必有韵味。

茶也是美的。清人一首词中说碧螺春具有“龙井洁，武夷润，岕山鲜。瓷瓯银碗同涤，三美一齐兼”，认为碧螺春茶身兼洁、润、鲜三美。

作为后起之秀的雨花茶，同样兼有这三美，也必有其韵。

雨花茶采摘“一芽二叶”之嫩叶。茶树经过冬天的休养，积累了营养，养分充足，茶叶内含丰富的氨基酸、蛋白质等成分，含量高，炒制后茶叶滋味醇厚。

雨花茶多采用“林茶间作”生态植茶。中山陵园及溧水等处大片茶园在梅林里，早春梅树花枝繁茂，形成恰到好处的遮挡，为茶树提供了漫射光。梅花怒放，正值芽茶萌发，茶叶通过吸收梅花香气，形成了独特的梅花香。就像一些知名绿茶那样，龙井有豆花香，碧螺春有花果香，太平猴魁有兰花香，信阳毛尖有鲜玉米香等。

茶是物质的，也是精神的。茶韵之美，还反映在品饮过程中得到的情感愉悦、精神意境。

沏一杯雨花茶，静观来自大自然的那一片片绿叶，保鲜了的叶芽的色泽、形态和味道，心灵随着自然一起律动。

雨花茶形似松针、紧细圆直。品饮时，在茶的苦甘交汇的味蕾里，可能会让人想到巍峨的紫金山、雄伟的雨花台、晶莹的雨花石，引发关于生活，关于人生的思考。

雨花茶茶名清雅，含义深刻。茶的香韵、品茶意韵、历史风韵，都让人回味无穷。

清代曾任江苏巡抚、两江总督的梁章钜曾说：上好的茶有“香、清、甘、活”的特点，这实际上说出了茶之韵。

茶韵应是指一种精神境界，是人们在品茶过程中产生愉悦、空灵和浮想联翩的境界，余味不尽。韵，说得明白很不容易，只可谓悠然心会，妙处难以与人说。而且是需要时间积淀，需要许许多多人共识确认的。

我想，对于雨花茶，人们对其风土人文、升华感受大体是相同的。看着茶场大门旁的“雨花茶韵”宣传牌，感觉到那是恰当的，有意义的。

十一、为什么喜欢绿茶

连续写了几篇有关春茶的短文，有朋友问我，是不是爱喝绿茶的缘故。我明确告诉朋友：喜欢绿茶！

儿时，家境贫穷。用大锅煮饭，父母用锅底糊锅巴冲开水当茶喝。春天，父母用晾干的柳树叶，或用剥下的新蚕豆皮煮开水当绿茶喝。工作后，并不高的工资，我也要买些能买得到的绿茶茶叶末，给父母尝尝绿茶的滋味。

现在，每年春茶上市，泡上一杯绿茶，翠绿的茶叶投入沸水，一片片嫩芽迅速下沉到杯底，随即又徐徐上升，缓缓舒展，如春兰初绽、若柳眼才舒，仿佛一片春色尽显在这杯清茗芬芳里。而正是这时，我往往用一杯至清至洁的绿茶，祭奠逝去的父母。告慰父母，我辈及下辈们已像这杯绿茶，过滤去了生活中灰暗的色调，有了一片绿色。

一杯绿茶，让我在回忆里回味，那含翠带润的茶叶，饱含着春意，深藏着思念，蕴含着生活。

长期生活在江南，有着浓厚的江南情结。绿色是江南的鲜明底色，绿茶含江南烟雨之秀色，蕴小桥流水之闲逸。喜欢绿茶，因为唯有绿茶能显现江南的底色，唯有绿茶能散发江南的味道。绿茶，特别是清明前、谷雨前炒制的新茶，具有其他茶所没有的“三嫩”“三绿”的特点：

三嫩，一是嫩芽多。炒制一斤干茶，龙井约需三四万个嫩芽，碧螺春约需五六万个嫩芽，雨花约需五万多个嫩芽。二是冲泡后有一股嫩香，香气鲜嫩持久，嫩香而高雅，甘香而不冽。三是汤味鲜嫩而醇厚，齿颊留芳，沁人心脾。

三绿，一是形绿。龙井色泽湿绿而油润，碧螺春嫩绿带翠，雨花紧细圆直显现碧绿色。二是汤绿，茶汤清澈碧绿。三是叶底嫩绿，龙井嫩绿柔软，碧螺嫩黄明净，雨花叶嫩碧清。

生态的茶，营养是丰富的。特别是绿茶，因其炒制幅度小，保留了鲜叶内的天然物质，其间的茶多酚、咖啡因保留了鲜叶的85%以上。氟、茶甘宁等有益于人体健康的营养成分也较多。

人们常说茶如人生，而绿茶最能诠释整个人生。我的好友、作家叶庆瑞特别喜欢绿茶，对绿茶与人生有很深的感悟。他在《寂寞的茶》一文中写道：

“绿茶是我的最爱，我以为唯有绿茶能喝出人生的况味来。你看，绿茶一泡清纯味淡，二泡清香甘甜，三泡苦涩浓郁，四泡清冽淡雅，五泡唯有淡淡余香了。这五泡恰似一个人的生命过程。台湾作家林清玄将这绿茶的五泡概括得十分生动：青涩的年少，香醇的青春，沉重的中年，回香的壮年，以及愈走愈淡、逐渐失去人生之味的老年。”

叶庆瑞先生上述文字写得真好。人生沉浮，正如一杯绿茶，苦如茶，香亦如茶。一切自然、一切脱俗、一切入幽美邈远的意境。

喜欢绿茶的理由，无须再多说了。

用一首小诗《绿茶》表达吧：

这种青翠
是雨露的眸子；
这种芳香
是阳光的呼吸；
这种甜美
是汗水的微笑；
这种涵养
是人生的容颜。

新采的芽茶

十二、学炒雨花，观赏槐花

年轻时，常喝的茶是“茶叶末”，偶尔泡上次把次“炒青”。知道名茶有龙井、碧螺春、毛尖等，但这些已是“奢侈品”了。

现在经济发展，生活改善，各地的名茶能及时便捷运到。一些年轻人爱泡云南版纳的“普洱”，爱品福建武夷的“岩茶”，喝红茶、白茶的多了，喝绿茶的少了，对本地产“雨花”认知的人更少。

这天，与几位茶友相约到茶场去，了解并学炒雨花茶。

溧水东庐山下，离秦淮河源头不远处，有一片近八百亩的雨花茶生产基地。南京市茶叶行业协会会长、雨花茶非遗传承人陈盛峰管理打造着这个基地。

暮春的茶园景色诱人。前一天刚下了雨，茶树上如串的珍珠悬挂在枝头，在和煦春风吹拂下绽开了一树新绿，阳光下泛着透亮的嫩绿色光泽。我们到茶场已是上午十点多了，一早外出的采茶女带着装有鲜茶叶的篮子陆续回到场部。

陈厂长为我们每人泡了一杯新炒的雨花茶，端到面前，只见上面浮现一层白腾腾的热气，馨香扑鼻。观杯内的茶叶，根根直立；品一口，茶香入腑；咂咂嘴，唇齿留芳。陈厂长就着大家品茶，讲解了雨花茶具有“外形紧细圆直，锋苗挺秀，色泽绿润，内质清香、鲜醇”的品质特征。

陈厂长带大家来到炒茶屋内，亲自示范炒茶。在加热了的铁炒锅内，放入称量过的鲜茶叶，只见他双手舞动着，骨节手腕都在使劲，抓抛不休，抛焖有度，搓条生香，炒茶的动作是那般的矫健却又轻盈，是娴熟的技术，更是美妙的艺术。

炒制雨花茶

待到我们几位"上岗"，只学"杀青"这一个炒法。"杀青"的目的是高温钝化鲜叶中的酶活性，蒸发部分水分，并初步轻搓，使叶子初步卷起。大家边学边调整着，五指略并，手掌伸平把鲜叶从锅底贴胸前的锅壁抓"带"上来，当离锅面高二十多厘米时，随即五指分开，手心略向上倾斜并抖动双手，让茶叶匀薄地撒入锅内，这一带一抖交替不断进行，手不离茶，茶不离锅，炒中有揉，揉中有炒。当叶子烫手时，翻炒更要加快，以抛为主，要撒得开，捞得净。几个回合下来，有的腰酸了，还有的手被烫出了泡，疼得钻心。这一次"上岗"，真切体会到好茶好喝，却制作不易。陈厂长的手长满老茧，人们称之"铁砂掌"，这是他"三十年磨一茶"才练出来的。

从茶场回来的路上，山岗、路边的槐花盛开。一串串洁白无染的花朵，簇簇拥拥地缀满枝头。大家见了，满心欢喜。下车观花、闻香，还有的摘了一小朵深嗅轻咬，抿着嘴慢慢品味。大家被她陶醉而所“蛊惑”，忍不住摘了一串串的槐花。不一会儿，摘了满满一纸箱，纷纷表示要回去“烹制”一餐槐花宴。

槐花烹制方法有多种。一种方法是：清水洗濯后，用开水氽去青涩气，摊开晾干，装碗内拌些盐。待饭快煮好时，把槐花铺在上面。在蒸焖过程中，槐花的清香慢慢释放。饭蒸好后，再将饭与花拌匀，佐以小菜，味道绝妙。若用洗净的槐花和面烙饼也是不错的。

用槐花蒸饭也好，和面烙饼也好，人们食用时会有丝丝苦涩。但那是香中泛苦，涩而后甜。

沏茶更是如此。茶经过沸水冲泡，给人们带来天地日月的味道，那是一种先苦而后甘的味道。涩涩清香是茶的味道，也是人之生命的味道。

在雨花茶场一面墙上，有陈盛峰厂长的这样一段话：“作为育茶人，我更愿意像茶，把苦涩埋藏于心里，而散发出来的都是清香。”这是一种敬业的精神，更是一个行业工作者的崇高品质。

在从茶场回来的路上，收到陈厂长发来的微信：在刚刚举行的2017年全省手工制茶能手大赛中，厂里员工陆葵香获得第一名。

十三、两把茶壶

一把紫砂壶，一把紫铜壶。

我们家常用的两把茶壶。

紫砂壶裸胎质朴、古拙素雅、肌理细腻、色泽澄净美学意蕴浓厚。

现代的紫砂壶设计与主题有不少取之佛教文化。如摹古经典的僧帽壶、佛海容天壶、心经壶、释尊壶、百纳菩提壶等。家里的这把紫砂壶即为镌刻了《心经》全文的心经壶。

紫铜壶是用老紫铜为材料，手工精心打制而成。这把紫铜壶，壶面有雕花及吉祥纹饰，有着典型的伊斯兰风格，是新疆维吾尔族的朋友专门请人打制好后，赠送给我们的。

我老伴是回民，她姊妹多，一大家人来，常用这把紫铜壶泡茶。再配上精致伊斯兰茶点，民族风味很浓。

我爱用紫砂壶沏茶，一人一把，任其自斟自酌，既可从一具一壶中追求回归自然的情趣，又可在一品一饮中寻求平朴神逸的境界。

我与老伴，不同民族，信仰也不同，我信仰佛教，老伴信奉伊斯兰教。但是，我们互相尊重，相互包容，和睦温馨，日子过得平静亦红火。

佛教本就是包容的。走进清凉寺山门，左边山坡上是扫叶楼。此楼在清代，就有寺僧关心照料伊斯兰学者的佳话。

心经壶

1679年，清康熙皇帝曾感叹当时无人能详细讲解伊斯兰教义。20多年后，在扫叶楼出了一位大思想家，改变了当年无人解读古兰经的状况。

刘智，南京人，回族。30多岁时，只身离家，居扫叶楼。

扫叶楼是佛门清静之地，僧人以宽广包容之心，欢迎刘智这位伊斯兰教思想家在此长期居住著述。对刘智日常生活精心照料。刘智与僧人相处融洽，成为挚友。

刘智在扫叶楼十多年潜心著述，著译《天方性理》《天方典礼》以及《天方至圣实录》等书，出色地将伊斯兰教义与中国传统文化巧妙结合，成为伊斯兰教中国化的一位大师。

刘智取得辉煌的成绩，扫叶楼为他提供了很好的平台。这是中华历史上，佛教伊斯兰教融洽相处的一段佳话。后人评价:“（刘智）晚归金陵，居清凉山之扫叶楼，洁身物外，未尝与人世往还。而一时名流硕彦，无不知撒页楼有刘居士者。”

因为刘智曾居扫叶楼，伊斯兰教人士把此楼称之“撒页楼”了。两百多年来，常有伊斯兰教人士到扫叶楼凭吊怀念刘智，赞颂他的伟绩。

知道这段佳话的人很少了，现在扫叶楼不仅没有任何记载这段佳话的文字，更没有了僧人的踪影。文化味淡了，而经营开发、商业活动浓了，真为之遗憾惋惜。

现在，我常到清凉寺去，老伴也与我一起到寺里做义工，以自己的心意，尽其所能做善事。伊斯兰开斋节、古尔邦节，我也会陪老伴去清真寺，与她一起欢度节日。

一次，法国新闻记者来清凉寺采访理海师父。其中问了一个问题：“在中国，各个宗教之间关系如何？矛盾尖锐吗？”理海师父立即让我现身说法，介绍我们家庭的情况。外国人士听了后，笑了，直点头称赞。

家里常用的两把茶壶，质地不同，但都能泡出清香而醇厚的茶味。

这两把茶壶，在我们家一直并存使用着。

紫铜壶

十四、熹园吃茶

金陵城南熙南里。

紧邻甘家大院的仿古民居长巷，“熹园茶空间”就在这深巷之中。

进入门内，穿堂过厅，觅一相宜处吃茶。

环顾四周，这里无处不写照文化品位。一盏盏火红灯笼，一盆盆艺术插花，一幅幅名人字画，以及橘黄色光晕透过古雅宫灯罩，洒落在精致的茶具上，恬静，有人情味。

熹园厅堂门额上书有“且停亭”三个大字。这三个字源于清代文人李渔家里花园的亭名，意为且在此停一停，歇歇脚。

“熹园”店名，取自魏晋时文人陶渊明《归去来兮辞》。有句云：“问征夫以前路，恨晨光之熹微”。这是陶渊明脱离仕途回归田园的宣言。

熹园店主人取陶渊明、李渔的词句亭名，表明这里是一方清静的品茗佳地，欢迎茶客来此坐坐、歇歇、吃茶、静心。店主人爱把“熹园”称之“且熹源”。

我是熹园的常客，知道这里不似秦淮河边热闹嘈杂的茶馆，来南京的游客少有到这里一览的。这里的茶客多是爱清静幽思的各路文人，附近中小企业的职员，店主人的朋友、圈中人。由于相互宣传推介，不少人喜欢到这里来吃茶。

熹园总经理刘丽，有着江南女子的神韵情致和灵心慧性。泡在熹园吃茶，与她谈天说地，听她细细道出这里的故事，绝对是一件不亚于坐在那喝“黄金芽”茶的开心事。

她曾与同事一起到皖南农户家淘得一块石碑，碑上刻有动人的故事。这块石碑现摆放在熹园主茶台上，成了熹园最有历史故事的物件。她与苏州洞庭东山、福建武夷深山的茶农相熟，会按照熹园要求制作优质茶；她与茶器厂技师交朋友，会根据茶客的要求订制精美茶具。

有一次第二天要办“茶禅一味”茶会，请清凉寺理海师父题写一幅“茶禅一味”。那几天理海师父因事特别忙，

茶席

利用凌晨早课后的时间写成。我清晨六时去寺里取，刘丽听说后，她即于七点钟到清凉寺，拿到字幅以后，又即送去装裱。第二天下午，禅茶会举办，整个茶室布置清净，理海师父的题字已装裱好了挂上墙，还备齐茶客坐禅的蒲团，她们办事效率高，禅茶会开得很成功。

熹园经常为喜爱传统文化的人设立“文化沙龙”，雅集聚会。如《品味人生，快乐三八》，展现了女性的淡雅和知性；《琴曲悠扬，七夕雅集》，古琴悠悠、昆曲婉约、汉服飘飘、茶香氤氲，民俗味特浓郁；连续办的十多期《悠闲养生，申时雅集》，让人们体味了补水养生最佳时的身心愉悦。

熹园还把茶文化推广到社会中去，做公益、做善事。到小学开展“孝子奉茶”活动，到图书馆组织“品茶与读书”雅集，到公园向游客展示茶席、共品香茶。熹园连续五年参与清凉寺重阳节“清凉文化日”活动，为老人奉茶。

置身古意幽幽的熹园，立于楼上，推窗而望，龙鳞瓦脊围墙那边，即是古朴幽雅的甘家大院。

清代时，这所大院的主人甘熙，在其《白下琐言》里写到他喜爱的一家茶社:“炉篆瓯香，饶有野趣，视市尘诸馆，雅俗迥殊”,其茶社的名称：“歇歇去，且吃茶”。

魏晋时陶渊明的回归田园，清代李渔的“且停亭”，甘熙的“歇歇去，且吃茶”，以及现在“熹园”的“且熹源”，其名称相近，文化精神一脉相承。

茗香茶韵是可以穿越时空的。

眼前的“熹园茶空间”，仿佛就是甘熙在书里写到的“歇歇去，且吃茶”茶社的再现。熹园那茶壶里煮着的是数百年来脉络清晰的文化印记。

十五、三味茶庄散记

茶庄主人邀约品茶。

走进茶庄，紫檀小方桌四周已坐几位朋友：一位画家，一位诗人，一位学者。

主人给每人泡上一杯龙井。呷一口，微微的苦、悠悠的甜、丝丝的爽。

画家潇洒，很是浪漫；诗人激情，快人快语；学者沉稳，充盈睿智。都与文化有缘，谈话也都投机。天地万物，人情世故，酣畅不止。

茶冲了三道，没见其淡，倒越发来了味道，清谈正当兴头，大家不约而同聊到茶。有一位对茶庄主人说：

“从浙江来南京卖茶快二十年了，三十多平方米的店铺一直没有变化，也该发展发展了。”

主人谢谢大家的关心，不紧不慢地说：

傅抱石绘《煮茶图》

“开茶庄近二十年，确实不易。好茶本来并不多，如果我把店开大了，恐怕难以把握茶的质量，对不住茶客。我真想到老了，还能继续开店，依然为茶客提供好茶。”

主人说得诚恳动情。

品这么上好的茶，听这么真挚的话，浸润在这么幽雅的环境里，竟不觉得时光从指缝间轻轻地流逝。

茶淡了，但意未尽，思渐远。

我想起五年前见到的茶庄门口的那副对联：

儒道释三家皆爱

苦甜淡九味存真

这是主人自撰联，很切合三味茶庄的店意。我曾将此联写入《金陵茶文化》书中。

茶庄主人王浙东先生是浙江新昌人。新昌是著名的茶乡，王先生对茶的钟情，源于他那世代茶家的情感深处，源于他对家乡茶的那份浓烈的挚爱。

新昌与南京自古至今结有善缘、佛缘和茶缘。

东晋时居住乌衣巷的谢安家族，其后代著名诗人谢灵运就曾到新昌写下多首诗篇；王羲之为江左琅琊王氏第二代领门人物，曾在会稽(管辖新昌)任右将军、会稽内史。

南朝齐梁年间，生活在金陵定林寺创作了我国第一部文艺理论著作《文心雕龙》的刘勰，应约为新昌大佛寺题写《石像碑文》；定林寺高僧僧祐雕琢了著名的新昌石窟弥勒大佛；南朝时，在金陵瓦官寺弘法的“智者大师”曾到新昌，为当地弘传天台宗起到重要推动作用。

二十世纪五十年代末，在中山陵园茶场工作的著名茶叶科技专家俞庸器先生为新昌人，他为创制全国名茶雨花茶做出了杰出的贡献。

王先生从新昌来南京开茶庄卖茶，但他不是一位普通茶人，他是东晋时著名书法家王羲之的家族第五十六代，在他身上流淌着传统文化的血液。

王先生承继了新昌与南京自古以来结下的缘分。身为有一定影响的文化茶人，与南京众多文化人士相来往，与不少佛寺高僧大德结佛缘，与一些茶行同仁交朋友，为南京茶文化事业的兴盛尽了一份力。

十六、从旧书摊淘来的茶书

收藏近千册的茶书刊，大多是从旧书摊淘来的。

那是二十一世纪初的头几年。

朝天宫东侧的王府大街，每周六、日凌晨三、四点至清晨八点，100多米长的人行道上排满了旧书摊位。摊位上有旧图书、旧杂志、旧报纸、旧照片、旧文化用品等。有摆在地上排列整齐的，有一排排放在三轮货车上的，也有一堆堆放在地上任人寻找挑选的。

来淘书的人大都是早早起床，带着惺忪的睡眼和几分兴奋，有的还打着手电筒汇入你来我往的寻书人流中。天亮时，来淘书的人就更多了，时不时听到招呼声："你好，也来了！"摊位上也传来购书时的讨价还价声，好不热闹。

我国的茶书，除古代《茶经》《茶录》《大观茶论》《茶谱》《续茶经》等及民国(1941年)胡山源编著《古今茶事》等少量外，基本上是二十世纪八十年代文化与茶关联上后，才有更多的人研究、著述及出版。经过二十来年的沉淀和积累，到二十一世纪初，出版了约600种各类茶书。有研究茶史的，研究茶道、茶艺的，研究陆羽及《茶经》的，还有茶类工具书，以及茶叶生产技术方面的。

二十一世纪初，也许是人们对茶这方面的书兴趣不大，关注不多，很快这些茶书就从出版单位或读书人手中流入到旧书市场。甚至有这样一本：收集茶文化文献较全、很有品位和价值的大部头工具书《中国茶文化经典》。

那时，我刚退休，规划晚年生活以研习茶为主，因此每当在旧书摊见到有关茶的书，五角一本也好，两元一本也行，五元一本也罢，或者价再高一点的，大都购入囊中。

旧书摊上常有作者签名的赠书，我就淘得数本作者签名赠送别人的茶书。陈彬藩先生的《茶经新篇》1980年香港出版，印数不多。此书由王泽农、庄晚芳等茶学名家作序，叶圣陶先生扉页题字，唐云、程十发等画家作画，书内容也好。令人惊异的是，有作者签名印章赠给时任新华社驻香港分社社长许家屯先生，不知何故这本书流落到旧书摊。

旧书摊上也有油印、手抄的各类资料。我淘得1981年江苏省自然资源调查和农业区划委员会茶叶区划课题组《江苏省茶叶区划报告》，是对江苏各主要产茶地的详细调查。手抄、手工装订，厚厚一册数百页，甚至有天下第五泉(下泉)碑铭拓片。

二十世纪八十年代，茶文化杂志兴起。1983年杭州《茶人之家》是新时期最早创刊的茶杂志(前几年为内刊，后为公开出版的《茶博览》)。1993年湖州《陆羽茶文化研究》是较早的地方茶文化研究会内部会刊。我淘到这些杂志的创刊号及最初几期。1991年起，南昌推出《中国茶文化专号》，每年两期，每期约300页，是国内容量最大，最有影响的茶文化杂志。自创刊号起，我一直淘到2006年各期，共三十一本。有一次我把此事告诉该杂志主编陈文华先生，他告诉我："有人从我们杂志社购齐各期都很困难，特别是前三年各期已缺，你能备齐真不容易。"

我国茶文化研究专家主要集中在台北、杭州、南昌三地。南京也有朱自振、马舒（马无鞍）、凯亚、陶德臣等诸位。旧书摊上也能淘到他们的书。朱自振教授在台北出版的《中国茶酒文化史》，大陆出版的《中国茶叶历史资料选辑》《中国茶叶历史资料续辑》，在全国茶界影响很大。马舒先生原是写《西晋》《东晋》《南北朝》《隋》各代故事新编的，70岁离休后，转入茶文化研

亚明绘《煮茶图》

究。1999年7月，他自己将发表的40多篇茶文化论文整理结集，自费内部付印《茶情诗话》。他签名赠送友人的一本，为我淘得。长期在出版社任编审的凯亚先生，离休后也是致力茶文化研究，是我国著名茶文化学者。他去世后，其子女整理老人历年发表茶文化论文，编成近700页的大部头《三味茶寮文集》出版。

每当我翻开马舒、凯亚两位已故学者的书，仿佛他们在把其茶学思想一一指给我看，他们对一些问题思考得那么缜密和深邃。读他们的书，我们更有责任继续他们没完成的课题，把茶文化宣传做得更好。

书是供人阅读的。我把读过用过的、送给别人更能发挥作用的茶书捐赠出去。友人办“台城书房”“后湖书院”需要书，我先后捐赠了近500册包括茶书在内的人文类书，能让更多人看到这些书，心里很是欢喜。

十七、会心

20多年前，写《烹饪美学》一书时,曾研读袁枚的《随园食单》，对社会上有关研创随园菜比较关注。

2016年，见到《随园菜》一书，作者为北京人。从书中得知，北京成立了一个“随园食单研究会”，还将随园官府菜制作技艺申遗，进入了北京非遗名录。

看到这个信息，心里颇不平静。袁枚在南京生活50多年，写了《随园食单》等著作。1984年南京名厨薛文龙首创、演绎了100多种随园菜，影响远及香港地区及日本等国。1991年，薛文龙《随园食单演绎》一书出版。

但是，这些年来，南京研创随园菜沉寂了，反而北京成了研创随园菜的大舞台。

2017年6月底，眉目清亮、说话平和的倪兆利女士来清凉寺。不久，我们相识，她听说我研究茶，即告诉我她那有个茶室，约时间去喝茶。

一天下午，我邀约几位茶友去她那儿喝茶。走进那儿，一块硕大石头上镌刻的“随园”二字吸引了我。步入店堂，一幅《随园图》映入眼眸。

品茗之余，她带我参观基地的设置。我谈及北京有人研创随园菜并申遗的事。我话音刚落，她即说：“那是我参与做的”，并详细介绍了北京人研创随园菜的具体情况。

我问她：“为什么从北京来南京发展呢？”

她说：“袁枚的随园食单，每道菜背后都有故事，都融入了江南人的精明智慧，是与江南特别是南京当地的民情、风俗、气候、地理、物产密切相关。研创随园菜,怎能离得了南京呢！”

我对她说：“随园食单是通向美味的地图，但又很原则，具体的干煸、生爆、清蒸、红烧、油焖以及炒、炖、熘、卤、煨等都要靠研创者、厨师的智慧去把握。这就像中医里对脉象的体察，对药性的配伍，要靠医生用自己的智慧去思维。中餐与中医其精神上很相近，要人们反复实践认知，但又有规律可循。”

我们两人谈话很投机，很愉悦。她说：“以后要多交流。”

这天中午我在清凉寺用斋，对理海师父说：“下午到倪兆利那儿去喝茶。”理海师父要我把写好的字顺便带给她。

倪兆利微信名为“上善若水”，她请师父为之题写这四个字。

当我把题字交给她时，她激动不已，很感恩理海师父。

会心是一种境界，不是刻意寻求能得到的，而是靠某种机缘。

会心是种感悟，这不仅仅是理解，而是让对方明白和感动，是心灵的交流。

今天与倪兆利女士的交谈，就有一种会心的感觉，这是清凉佛缘、善缘的使然，是对随园菜、随园茶的共同爱好，更是对优秀文化传承心与心的交融契合。

分别时，她送给我们每人一本《随园食单三字经》，这是她参与编写的刚出版的新书。

“随园”刻石

境

一、一苇渡江去　春风化雨来

禅宗是汉传佛教宗派之一，创始人是达摩。

禅宗与茶道之间的文化联系有深厚的历史底蕴。在佛门中，就有一则达摩祖师坐禅化茶的传说故事。

达摩是在南朝宋时由天竺国来华传授佛法。南朝梁时，梁武帝派人专程把达摩从广州迎请到金陵。梁武帝多次听了达摩宣讲佛法，但梁武帝与达摩在认识佛法上机缘不投，几次交谈，言多不契。达摩只身悄然离开金陵。

传说中，梁武帝派人去追。达摩听到有人来追，就走进了幕府山一个山洞，面石而坐。追赶的人骑的大骡子被山石夹住，进退不得，未追到达摩，只好回城复命。天亮以后，达摩来到长江边，他从容不迫地折了一把芦苇，踏着芦苇航渡过江，这就是传说中的“一苇渡航”。达摩在离江边不远的长芦寺短暂停留后，来到浦口定山寺住锡，面壁修行三年。

南京地方传说和历史遗迹也印证了这段故事。幕府山有夹骡峰、达摩洞，定山寺有达摩崖、面壁处、晏坐石、卓锡泉。长芦晚钟的达摩传说已列入省非遗名录。

达摩从定山寺去了少林寺旁的一个山洞，继续面壁修行。相传达摩打坐时，常因打瞌睡而苦恼。有一次气得把自己眼皮撕掉了。不久，在眼皮掉落的地方长出一株绿叶植物。一天，达摩的弟子在旁煮水以备饮用，恰好一阵风吹来，绿叶掉落锅里。达摩喝了绿叶煮的水后，精神清爽，不再打瞌睡。从此以后达摩坐禅时就喝这种叶子（茶叶）煮的水了。

这个传说显然是后人演绎的，带有太多的传奇色彩。但从这则生动有趣的故事,可以看出茶与佛最初结缘，是对茶自然功效的利用。僧人坐禅修道，栖身山谷，远避尘嚣，常在林

达摩入山图

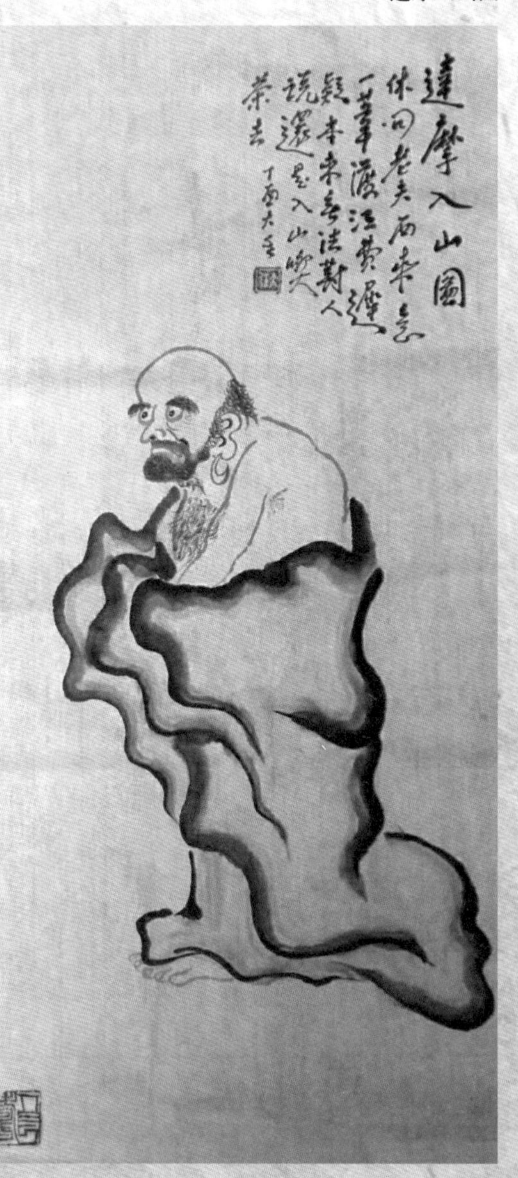

谷幽静处，孤树之下、山洞之中坐而习禅。菩提达摩及随后衣钵相传的几位高僧，皆栖山谷中萧然静坐而终老圆寂。他们如何在修禅中不寐，如何在非食时疗饥?他们正是利用了茶所具有的提神醒脑的功效，来助力静思修行。

从达摩坐禅撕下眼皮长出茶树的传说，不难看出禅宗对茶的重视。茶有破睡的功能，只有扫除了“破睡”的障碍，才有可能虔静修行。

这则传说也让人们感叹达摩面壁九年，有着坚韧的恒心。那清新碧绿、充满生气的茶叶，有着达摩的精神。

二、扬子江中水　蒙山顶上茶

茶成为饮品，发乎于中国上古时代的神农氏，距今七千多年。佛问世于公元前六世纪的古印度，距今二千五百多年。茶和佛第一次结缘于两汉时期，距今也近二千二百年。据古代《天下大蒙山》碑记：西汉甘露年间（前53年—前50年），吴理真在蒙顶山种下了七株茶树，开创了世界上人工种植茶叶的先河。吴理真是有文献记载的最早一位有名有姓的种茶始祖。

年幼时，吴理真家境贫穷，父亲早逝，母亲也积劳成疾。吴理真是孝子，每天上山砍柴割草，换米糊口，为母亲治病。有一天劳作时口渴得厉害，就顺手揪了一把树叶(野生茶树叶)，放嘴里咀嚼，焦渴渐止，困乏渐消。他又摘了一些这种叶子带回家，冲泡给母亲喝，效果很好。连服数日，母亲病情好转。从那以后，每当乡亲有病，吴理真就会用这种叶子泡水给他们饮用。遗憾的是，这种树叶太少了。吴理真就采此树种籽，并移植七株到一片土质肥沃的地方，茶树长势很好。

这种茶的茶叶脉细而长，味甘而清，色黄而碧，酌杯中香云蒙覆其上，凝结不散，人称仙茶，亦为古今名茶。

茶祖吴理真有一颗不为自己求安乐，但愿众生得离苦的普世之心。也因为是他，亲自培植了一代名茶蒙顶茶，吴理真受到了历代皇帝君主的重视。

东汉哀帝元寿元年(前2年)，佛教传入中国后，相传吴理真在蒙顶山脱发修行。宋代孝宗皇帝于淳熙十三年（1186）封吴理真为“甘露普惠妙济大师”，并把种植七株仙茶的地方封为御茶园。后来，在蒙顶山最大的寺庙天盖寺，供奉着吴理真“灵应甘露普慧妙济菩萨”的法象。

吴理真有着菩萨拔苦与乐，普济众生的精神，蒙顶茶又品质绝佳，唐代以后，蒙顶茶开始入贡，经宋、元、明、清，绵延了千年。

汉代，吴理真种茶山原址

自古文人喜爱蒙顶茶。唐代白居易的“琴里知闻唯渌水，茶中故旧是蒙山”的诗句，使我们得以回望古代士人的茶事雅情。元代李德载在一首元曲中写道：“蒙山顶上春光早，扬子江心水味高。”曲中所咏之物“蒙山顶上茶"和"扬中江心水”，是作者心中圣洁、高雅，代表最好品质、最高境界的茶中极品。后来，“扬子江中水，蒙山顶上茶”从元曲中脱胎出来，成为脍炙人口的谚语，又被用为茶联，广泛流传。

巴蜀为长江上游地区，江苏为长江下游。南京创制出雨花名茶后，四川有位名士用“扬子江中水，蒙山顶上茶”此联，作诗一首赞道：

南京扬子江中水，
西蜀蒙山顶上茶。
两地有缘成对偶，
巴人挥笔赞雨花。

此诗成为人们在品茶之余的一则趣话。

三、万语与千言　不外吃茶去

河北省赵县，古称赵州，有一座柏林禅寺。这座禅寺在唐代称之“观音院”，唐代高僧从谂和尚在此住锡，人称“赵州禅师”或“赵州古佛”。

有一天，从别处来的两位僧人拜访赵州禅师。禅师问其中一位僧人：“你以前来过这里吗？”那僧回答：“没有来过。”禅师便说：“吃茶去。”接着又问另一位僧人：“你以前来过吗？”这位僧人回答：“曾经来过。”禅师还是回答：“吃茶去。”在一旁的观音院院主（院监）对此非常不解，便问禅师：“没来过的人你让他吃茶倒算了，来过的你也让他去吃茶，这是什么道理呀？”禅师听罢微微一笑，突然喊了一声：“院主！”院监答应了一声。禅师悠然地说：“吃茶去。”

不管是对新到的，或是曾到，甚至是已到的人，赵州禅师皆相同地奉上一杯茶，让他们都“吃茶去”。这颇具深意的“吃茶去”，道出了赵州禅师待人接物的一片禅心，无论是谁，都以此三字示法。而寺院院监的种种疑问，无疑是茫茫苦海，是心念的堕落。赵州禅师也以一杯茶为慈舟，在电光火闪、一问一答的瞬间，将其迷失的心重新唤醒。

赵州禅师的“吃茶去”，就是教导学僧要消除妄想心，放下分别心。要全身心地投入佛法，“佛法但平常，莫作奇特想”，要随缘任运，当下体悟，这世界本就清净无碍。

从赵州禅师的“吃茶去”公案来看，这位高僧特别嗜茶，在开示学僧时，顺乎自然拈来的便是茶，吃茶对他来说已经变成同吃饭喝水一样的一种本能。但这里的“吃茶去”已非单纯日常意义上的生活行为，而是借此参禅了悟的精神意会形式，可见佛法禅机尽在吃茶之中。

赵州禅师的“吃茶去”蕴含着人生智慧，清淡而幽远。它将深奥的道理，裹藏在喝茶这种日常生活的形式里，呈现出禅

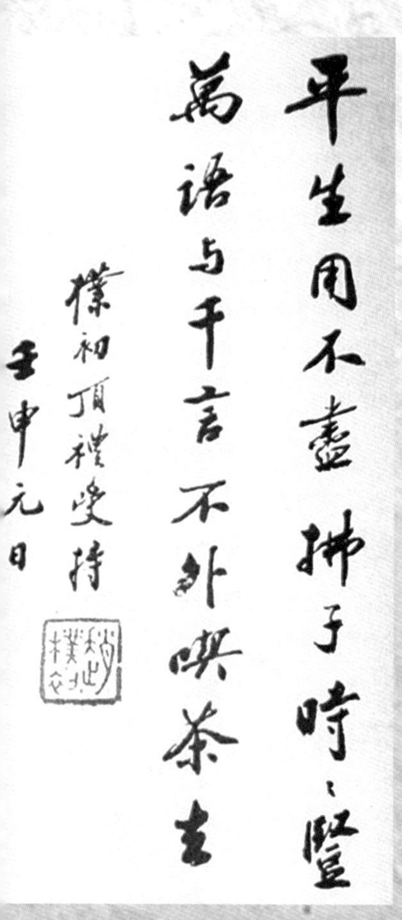

原中国佛教协会会长
赵朴初书

宗思想传播的魅力，它被人们美誉为“赵州茶”。千百年来，让无数学子得以解心灵之渴，悟禅心自在。赵州禅师也因“吃茶去”禅宗公案而名垂禅史，广为人知。

当代著名高僧净慧长老曾说了他对“吃茶去”的理解：

“吃茶去”公案，其含义有人这样理解，有人那样理解。我的理解是佛法说不出，说再多也代替不了修行和亲身的体验。说得出来的不是真正的佛法，真正的佛法只有通过修行去体悟。就如喝茶一样，只有自己去吃，才可品尝茶味。所以赵州和尚对初来的、来过的、住下的都让他们亲自去体验。我的另一种理解是叫你全身心投入。否则，说得再好也白搭。不用问这个、那个、西来意和佛，就是吃茶去。全部投入，自会明了。这就体现了茶与禅一体性的参禅学道的方法。

净慧长老还说：吃茶去是永恒的主题，“两千年也道不完，我们已经说了一千年，新千年又开始了，我们还得长期说下去。”

赵朴初先生为柏林禅寺从谂禅师影像碑题诗，也写道：

平生用不尽，
拂子时时竖。
万语与千言，
不外吃茶去。

吃茶去！

四、地宫藏秘珍　茶器供佛祖

位于陕西省扶风县的法门寺，是释迦牟尼真身指骨舍利供养圣地。

1981年陕西关中地区一场暴雨，冲垮了法门寺“护国真身塔”的西壁塔基。1987年重建时，在塔基底部发现了震动中外的庞大地宫。咸通十五年(874年)正月初四，唐僖宗皇帝归安佛骨于法门寺，并以数千件皇宫奇珍异宝安放地宫以作供养。地宫的发现，使得1100多年前唐朝皇帝放置的佛门宝藏再度重见天日。

在随真身供养物中，有一套唐代皇室曾使用过的系列茶器。这是目前世界上发现制成年代最早、古代典籍中未曾记载过的最为珍贵的唐代茶具。茶器计有三类：

金银茶器。用金银精制而成，其中有焙炙时盛茶饼用的金银丝结条笼子、鎏金镂空鸿雁球路纹银笼子，碾茶用的鎏金鸿雁纹云纹茶碾子、鎏金团花银锅轴，罗茶用的鎏金仙人驾鹤纹壶门座茶罗子，连茶则也是鎏金飞鸿纹银则。还有贮茶用、煮茶用、调茶及饮茶用的金银茶器。

秘色瓷茶器。主要是青绿色釉或青色釉的茶碗。陆羽《茶经》中写过，但只见其文，不睹其物，是个谜。唐五代时，吴越王下令质量最高的越窑青瓷，只准烧给王室使用，配方保密，所以被称为“秘色瓷”。法门寺出土了这批茶碗，将秘色瓷出现年代，从五代提前到中唐时期。

玻璃（琉璃）茶器。有素面淡黄色玻璃茶盏、高圈足的茶托。玻璃(琉璃)制品的发现，弥足珍贵。

出土的这些茶器并不是专门制造用于供养的，而是唐僖宗皇帝的日常生活用品。这套以金银质为主的宫廷御用系列茶器中，茶具上有“五哥”字样的刻画文，五哥为唐懿宗的五子，即唐僖宗，是他的小名，宫中唤称五哥。

唐代饮茶有了较大发展，大唐茶风是由寺院茶刮起来的，发轫者是众多的禅宗和尚。这股茶风吹进了唐宫，使一代代大唐天子也爱上了茶。佛教给宫廷送去寺院茶风，培养了一批宫廷茶人，带给宫廷的不仅是口腹之饮，还有茶道的“和清静寂”精神。

法门寺出土唐代精美茶器

当年唐朝皇帝将这批珍奇异宝供奉佛骨，安放于塔下时“穷天下之庄严，极人间之焕丽，积秘宝以相绵”,借此体现佛法无边和对佛祖的虔诚，也期望佛祖保佑。而这套精美茶器在地宫里安放的地方，是放置于佛骨的地宫后室，这反映了茶在皇帝心目中是神奇的，茶成了封建帝王礼佛的最高礼仪。

虽然唐代宫廷茶有别于民间茶和寺院茶，宫廷茶尚繁缛，重等级，求奢华。但皇帝能将这些自己使用的精美茶器赐给法门寺，用以供养佛骨的珍宝，并按照大唐帝王礼敬佛祖的最高礼仪，按照佛教仪轨摆放于地宫显要地方，充分表明了唐代皇帝是把茶器作为心中的最高礼品，最能体现帝王身份的一种象征来供奉的。在地宫里，没有发现任何一件酒具，这也说明茶在宫廷文化生活中地位很高，被视为最高贵的待客及供佛佳品。

茶与佛教的密切关系，在法门寺地宫供奉精美茶器得到了反映。

五、茶鼓敲响时　茶礼当举行

佛教自汉代传入中国后，经过诸多高僧大德的努力，到了唐代，产生了一整套较为完备的符合禅寺的规章制度，这就是“清规”。

唐大历年间，禅宗六祖慧能的三世传人怀海禅师(720—814)到洪州新吴(今江西宜春)百丈山，改革教规，锐意立立，依大小乘经律，制定禅寺的组织规程及寺僧行、住、坐、卧等日常行事的规则，撰“清规”。这就是影响深远的《百丈清规》。

《百丈清规》历经战乱，逐渐散佚。但其主旨则保存在宋代杨亿(974—1020)所撰之《古清规序》中。元仁宗（1312—1320）在位江西百丈山住持东阳德辉奉敕重编《百丈清规》，他依据数种版本芟繁、删重、补缺，定为一书，称为《敕修百丈清规》。

“农禅”是一种自给自足的习禅生活方式，《百丈清规》提出了“一日不作，一日不食”的口号，将农禅作为一种制度固定下来。

茶在禅门佛寺中不可或缺，茶与禅门结合十分紧密的物质基础则是农禅。在《百丈清规》中就有僧人植茶、采茶、制茶等内容。

《百丈清规》还将僧人饮茶纳入僧众的戒律之中，对佛门的茶事活动做了详细的规定。其中有应酬茶、佛事茶、议事茶等。比如佛事茶，诸如圣节、佛降诞日、佛成道日、达摩祭日等均要烧香行礼供茶。

因此，《百丈清规》也成了佛门茶事文书，以法典的形式规范了佛门茶事茶礼及制度。据不完全统计，总共八万多字的《百丈清规》，共载“茶”字325个，“茶汤”65处，

勑修百丈清規
○禮部尚書臣胡濙等謹
題爲重刊清規事禮科抄出江西南昌府
百丈山大智壽聖禪寺住持僧忠智奏
唐時佛祖大智懷海禪師垂訓名曰百
至元間僧德煇重新編刊遍行天下叢
循規遵守洪武拾伍年肆月貳拾伍日
太祖高皇帝聖旨榜例諸山僧人不入清規
繩之欽此欽遵永樂拾年伍月初三日
太宗文皇帝聖旨榜例僧人務要遵依

《百丈清规》书影

“清茶”21处，“吃茶”15处。

《百丈清规》9章91节，其中有4章25节涉及茶礼。茶礼贯穿到佛事活动和僧人生活的方方面面。

“晨钟暮鼓”是佛寺出家人修行生活的寺仪。茶礼中很多场合用到茶鼓。《百丈清规》记载的六种鼓名，茶鼓排名第二，仅次于法鼓。法堂东北角为法鼓，西北角者为茶鼓。这说明茶鼓不仅用于寺院僧人日常生活礼仪，也用于佛事活动礼仪。

《百丈清规》不仅记载茶鼓，在“旦望巡堂茶”一节中亦有茶事鸣钟的记载：

“住持上堂，云：下座巡堂吃茶。大众至僧堂前，依念诵图立，次第巡入堂内。大众巡遍立定，鸣堂前钟七下。住持入堂烧香，巡堂一匝归位。……鸣钟二下，行茶瓶出，复如前问讯，揖茶而退。鸣钟一下收盏。鸣钟三下，住持出堂。……众则粥罢，就座吃茶。”

以上记的“旦望巡堂茶”，旦即农历每月初一，望为每月十五，“巡堂”即在僧堂内按一定线路来回巡走。上述文中先后有四次“鸣钟”记载，分别是七下、二下、一下、三下，这说明寺院茶事，有时是鼓、钟并用。

很多善男信女初一、十五要到寺院拜佛，寺院在巡堂茶礼结束后，也会款待茶饮，这既是一种礼仪，也可视为答谢。这对茶饮的推广有积极作用。

寺院僧人吃茶，并非如世人闲来无事，消磨时光，而是只要法堂前的茶鼓敲响时，僧人们便都要到指定处去吃茶。也就是说，“寺院茶”已是在诵经修行之外的另一种特殊修行方式。

宋代文人程颐有一次游览金陵定林寺时，偶入禅堂，他看见僧人们“周旋步伐，威仪济济，伐鼓考钟，内外静肃，一起一坐，并合清规”。他由衷地感叹道：“三代礼乐，尽在其中矣。”

程颐是儒学家，因为儒家有个关于礼乐的理想，恢复古礼（夏、商、周三代之礼），当年孔子都感到这个理想很难实现。程颐没想到，他在金陵寺院看到了这种肃穆、合乎礼乐精神的场景，发出了感慨。

饮茶，从僧人们日常生活之需到以茶供佛敬客，及至形成一整套庄重严肃的茶礼仪式，直至成为佛寺活动中不可分割的一部分。佛寺饮茶仪轨，极大地推动了禅茶文化的形成。

六、皎然说茶道　茶中含真味

皎然(720—799)，唐代的爱茶高僧。俗姓谢，字清昼，浙江湖州人。他是南朝宋谢灵运十世孙。皎然从小饱受儒家思想影响，长大了想求长生之术，于是学习道家理论，后来他又转入佛门，修习禅宗。

皎然好作诗，善饮茶，在写诗饮茶中，寻找到精神的开释。人们称他是“诗僧”“茶僧”。

中国的“茶道”一词，最早就是皎然提出的。皎然《饮茶歌》写道：

越人遗我剡溪茗，
采得金芽爨金鼎。
素瓷雪色缥沫香，
何似诸仙琼蕊浆。
一饮涤昏寐，
情来朗爽满天地；
再饮清我神，
忽如飞雨洒轻尘；
三饮便得道，
何须苦心破烦恼。
……
孰知茶道全尔真，
唯有丹丘得如此。

皎然这首诗，把朋友赠送的剡溪名茶比作是神仙的“琼蕊浆”，写品饮这款茶一饮、再饮、三饮的心理感受。一饮“情来朗爽”消倦怠，情怀顿开。再饮“清我神”，好似突然飞雨落入世间，轻松、舒适。三饮“便得道”，什么“烦恼”都不必“苦心”，可清心养性，悠然自得。

皎然画像

诗的最后一句说，茶的清高并不是世上人都知晓的，但茶道全是真的，只有传说中的仙人丹丘子才领略得到。

皎然在这首诗里用了“茶道”这个词，并且以茶的一饮、再饮、三饮来阐明饮茶有涤昏、清神、得道三种层面的功能，阐发了精神性的茶禅的核心内容。

茶圣陆羽撰写《茶经》时在湖州。皎然年长陆羽13岁，两人在湖州相识，因茶结缘，遂成忘年交。他们多年一起居住在湖州抒山妙喜寺。在皎然诗集中有12首诗是赠给陆羽的。

皎然曾有一首与陆羽一起饮茶的诗《九日与陆处士羽饮茶》：

九日山僧院，
东篱菊也黄。
俗人多泛酒，
谁解助茶香。

重阳节，世人多饮酒。皎然认为饮茶是高雅的，他与陆羽在山中寺院里饮茶，以茶为禅修的助道法门。这首诗短短的二十个字，以僧院、东篱、菊黄、茶香，抒写与俗人不同的生活方式与审美情趣，把饮茶提升到了精神境界。

皎然在一首诗中写道：

清宵集我寺，
烹茗开禅牖。

茶友们一早起来就齐聚在寺庙中，煮茶品茶进行禅修活动。清晨便以茶行禅，几乎是以茶禅作为佛门早课。

皎然还有一首诗写道：

识妙聆细泉，
悟深涤清茗。
此心谁得失，
笑向西林永。

这首诗写到每次坐禅以后，就有一种清茗涤洗身心的愉悦感觉。

皎然还在一首诗中写道：

稍与禅经近，
聊将睡网赊。

这里，皎然更是将茶比拟为“禅经”，说茶道与禅经很相近。皎然在饮茶中，感受着空灵和云开月见的禅境，将茶的养心功效发挥到极致。

寺僧坐禅要调食、调息、调心，饮茶是其中的方便之一。皎然倡导饮茶参禅，并且有着丰富的茶禅体验，其诗作也充满了佛学的妙理。这位爱茶如命的诗僧，他那一首首诗，一次次饮茶修禅的体验，都折射出茶在禅宗中的独特地位。

陆羽在湖州修订《茶经》这部著作时，皎然也曾写了一部著作《茶诀》。可惜皎然的《茶诀》没能流传下来，非常可惜。从皎然的诗作中可以想见，该书一定有深刻阐述饮茶参禅的内容。

皎然，不仅首先使用了“茶道”这个词，而且率先打开了佛门中“以茶悟禅”的先河。尽管那时还没有“茶禅一味”的提法，皎然已经是其最早的倡导者和体悟者了。

七、偈联夹山境　禅茶心相印

夹山寺，位于湖南常德石门县，又名灵泉禅院。夹山是因“两山对峙，一道中通”而得名。晚唐时代，高僧善会，受其师船子德诚偈语“猿抱子归青嶂后，鸟衔花落碧岩前”而悟道。

唐咸通十一年(870)善会禅师(805—881)受朝廷派遣到夹山开山建寺。此地林丰水秀，善会禅师见白猿抱子戏于青嶂之间，飞鸟衔花投于碧泉之中，这不就是师父开示时曾经说到的那个境地吗？善会禅师非常欢喜这方土地。他居于夹山，聚二百众，把夹山寺建成了一个农禅寺院。

善会禅师自号为“佛日和尚”，在夹山寺住锡10余年，“学者交凑”，弟子达44人，其中有机缘语录传世的33人。

善会禅师住持夹山寺，正是禅雨茶风盛行之时。当年夹山产名茶牛坻茶，寺僧用山门前碧岩泉水煮茶，在好茶好水中悟出禅与茶同为一味的真谛。

早期禅宗著作《祖堂集》记有一则题为“夹山倾茶”的公案，记载佛日和尚参加普茶时，用“酽茶三两碗”以茶悟禅，得到师父点拨悟道：

师曰：“日在什么处？”(佛日)对曰：“日在夹山顶上。”师令大众地次，佛日倾茶于师。师伸手接茶次，佛日问：“酽茶三两碗，意在镢头边，速道速道。”师云：“瓶有盂中意，篮中几个盂?”(佛日)对曰：“瓶有倾茶意，篮中无一盂。”罗秀才问：“请和尚破题。”师云：“不得道著境也。”(秀才)又问：“如何是夹山境地？”师答曰：“猿抱子归青嶂后，鸟衔花落碧岩前。”

湖南常德灵泉禅院

从这则茶禅公案来看，茶是夹山寺僧人日常生活的一部分。这里是佛日、秀才与师父三人之间的对话，虽然语带玄妙，但表露出了一些禅茶信息。佛日和尚与师父的对白旨在探讨茶中之“意”。这个“意”也就是佛日和尚的师父早已了悟的“夹山境”。而秀才毕竟不是禅师，听不出对白中的“茶意”，所以只好请“和尚破题”，即说得明白一些。在秀才的步步追问下，师父道出了“夹山境地”：

猿抱子归青嶂岭，
鸟衔花落碧岩泉。

佛日和尚因茶悟道，从饮茶中领悟一种禅机、禅理、禅意，从师父的开示得夹山境地。青嶂岭，猿抱子归;碧岩泉，鸟衔花落。禅意诗情，极为浓郁，诗情画意中融汇着浓郁的茶情禅思。佛日和尚得禅宗机缘，受深刻启迪，领悟到茶禅境界。

“夹山境”偈联，寥寥十四字，不只是指夹山的自然环境清幽喜人，更主要的是指夹山的禅境、茶境，禅茶机缘之境。

“夹山境”偈联，倾尽了人们在茶禅中求得宁心解脱的各种感悟体验，于心有之，未能言之。

“夹山境”，是一个独具特色的禅茶机缘、禅茶境界，为后来“茶禅一味”的具体提出奠定了坚实的基础。

数百年后，圆悟克勤禅师住持夹山寺，对于“茶禅一味”的真谛有着特别的领悟，所以挥毫写下“茶禅一味”四字而流传日本。古来相传的“夹山境地”——“猿抱子归青嶂岭，鸟衔花落碧岩泉”的联语也在日本成为茶禅空间最常使用的之一。

八、有茶禅心凉 无禅茶不香

圆悟克勤（1063—1135）是宋代的高僧。宋高宗曾召他入宫，应对佛法。高宗很赞赏他的修为，赐他法号“圆悟”，后人便称他为圆悟克勤。

宋徽宗政和年间，圆悟克勤禅师应请住持夹山灵泉禅院。

法眼宗传人道原编撰《景德传灯录》，汇集了禅宗一千多位禅师的机缘法语。后来，雪窦重显禅师选取100则悟道机缘，分别赋诗赞颂，撰《雪窦百则颂古》，这是反映云门宗、法眼宗富有文学氛围和诗歌情调的禅风的集大成之作。圆悟克勤禅师很看重这本书，在夹山寺期间，评唱了雪窦重显禅师所著的《颂古百则》。所谓评唱，指在前人拈颂的基础上，对于公案和拈颂再加阐说评议。

圆悟克勤禅师的评唱，经门人记录、汇编、整理成《佛果圆悟禅师碧岩录》，简称《碧岩录》，共10卷，并以夹山的又名“碧岩”，作为书名。《碧岩录》问世后，被禅林誉为“禅门第一书”。

不久，圆悟克勤禅师奉诏移居金陵等地，向世人传授碧岩宗法。石门夹山的茶风和禅光，也得以熏沐吴越大地。

圆悟克勤的弟子虎丘绍隆，听说师父将去云居山入住，即赶来金陵与师父叙别。圆悟克勤禅师给虎丘绍隆写了嗣法证明，日期落款于建炎二年(1128)二月十二日，纸面长61.5厘米，宽30厘米，这幅墨迹整版纸面充满着禅机。

后来，这幅墨迹不知何故被装入桐木圆筒中，传入到日本。这幅墨迹被裁为两段，后半部分下落不明。据考，禅僧一休宗纯(1394—1481)得到这幅墨迹的前半部分，一休传给村田珠光(1423—1502)。

村田珠光得到后，在自己设计的茶室里挂上这幅墨迹。这是日本茶室张挂墨迹的首创之举，也意味着是禅者的墨宝。珠光悟出了“佛法存在于茶汤”——即“茶禅一味”的道理，遂

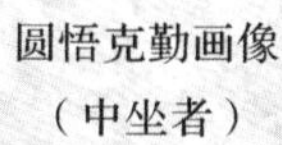

圆悟克勤画像
（中坐者）

使日本茶道与禅宗之间有了法嗣关系。

珠光临终时，把墨迹交给弟子宗珠，并留下遗言:“在忌日里张挂圆悟墨迹，用茶盒装入茶，为我点一碗茶”。

有一种传说，日本禅僧一休所得的是圆悟克勤书“茶禅一味”条幅，是日本弟子荣西将《碧岩录》和“茶禅一味”墨宝传入日本。荣西于南宋末年先后两次到中国，达24年之久。他回日本后写成《吃茶养生记》一书，成为日本茶道的开山祖师。

是否是圆悟克勤的“茶禅一味”墨迹，可以存疑。但是，圆悟克勤禅师继承了善会禅师的茶禅思想，在夹山寺潜心研究了禅与茶的关系，从禅宗的观念品味茶的奥妙，认为禅与茶在思想内涵上有共通的地方。《碧岩录》即有“衲僧家，到这里亦不可执着，但随时自在，遇茶吃茶，遇饭吃饭”。该书中有多处这样的阐述。

圆悟克勤禅师在夹山寺，书就《碧岩录》，悟出茶禅一味之道，并得以流传，茶与禅更是形影相随，正所谓“有茶禅心凉，无禅茶不香”。

在日本，夹山境地——“猿抱子归青嶂岭，鸟衔花落碧岩泉”偈联，一直是日本茶道场馆的挂轴，日本僧人都知道这一偈联出自中国石门夹山寺，也都认为“茶禅一味”四字是从中国传来的，并奉为日本茶道之魂。

九、天台茶味香　飘扬到东洋

天台山是一座佛教名山，也是产茶名山。

东汉末年，著名道人“葛玄植茶之圃已上（天台）华顶上”。

南朝陈时，出了一位高僧，法号智顗的智者大师。他在金陵瓦官寺八年，专事讲经说法，“朝中显贵奉为神明”。后来，他到了天台山，在山林清静之地继续深研佛经，创立了中国佛教第一个体系完整的宗派天台宗。

智者大师在华顶山上打坐清修时，以茶供佛，以茶助修，赋茶以佛性。自此以后，植茶、采茶、炒茶、煮茶、品茶等诸事，在天台山寺僧中蔚然成风。

到了唐代，日本僧人最澄于804年到天台山国清寺、真觉寺学佛。第二年回日本，带去天台宗经论的同时，还带去茶籽，在日本的一些寺院栽种，他成为日本种植茶的开拓者。他还依照天台国清寺式样设计建造了日本延庆寺。

806年，日本弘法大师空海也来到天台山。回日本时，他把天台山茶籽献给天皇，并在日本更多地方栽种。

天台山的茶，与佛教渊源很深。除了智者大师居此，以茶助修，唐代诗僧寒山子也曾在天台隐居。他云游山水，与山中僧人煮茶品茗，吟诗题作。他写道：“卜择幽居地，天台更莫言。”“已甘休万事，采蕨度残年。”“一向寒山坐，淹留三十年。”唐末五代时，法眼文益的弟子德韶禅师在天台瀑布山的山脚建起了景福茶院。自己植茶、采茶，既弘传法眼宗禅法，还向世人推广饮茶修身的益处。

天台山国清寺

宋代，日本僧人荣西两次来中国，他曾在天台山万年寺学佛参禅，拜万年寺住持为师。他在天台山考察了栽茶制茶技术、煮茶方法及天台茶俗。回日本后，以极大兴趣研究饮茶功能，并制定日本寺院饮茶仪式，撰写《吃茶养生记》。此书被称之日本的《茶经》。

天台山是天台宗的祖庭，也是道教南宗的祖庭，还成就了明代的旅行家徐霞客，天台山是其首游之地。

从茶叶的传播来看，这里是一条从天台山，经绍兴到宁波，出海东渡日本的“海上丝绸之路”。天台山传播出去的茶籽，是日本栽种茶树的源头。

十、茶道通禅道　名山尊径山

径山在浙江余杭，为天目山东北峰，以山径通天目而名。

唐天宝四年(745)法钦禅师在径山开山结庵。唐大历三年(768)唐代宗礼请法师进京，并赐号“国一禅师”。逾年法师辞归，唐代宗下诏敕建“径山禅寺”。

法钦禅师不仅精于佛法，对“茶道即禅道”的茶叶种植也很推崇。《余杭县志》载：“钦师尝手植茶树数株，采以供佛，逾年蔓延山谷，其味鲜芳，特异他产。”

径山禅寺在宋代甚为辉煌，皇驾临幸，屡有赐额。如北宋徽宗赐名“径山能仁禅寺”，南宋孝宗赐“径山兴圣万寿禅寺”。

南宋时，大慧宗杲、无准师范、虚堂智愚等禅师先后住持径山禅寺，都有一些日本僧人向他们学佛习禅。1235年，日本僧人圆尔辨圆师从无准师范禅师。他在这里不仅学到佛教真义，还学会了中国的茶树种植、加工蒸煮、品茶问禅，回国时带去了制茶技术以及径山禅寺的宴茶方式。1265年，日本僧人南浦绍明师从虚堂智愚禅师，三年后学成回国。他把径山的茶台子(茶具架)、茶道具，以及《茶堂清规》三卷带去日本。还带去了“天目茶碗”。至今，在日本茶道表演中，依然见到天目茶碗的踪影。

“径山茶宴”作为普请法事和僧堂仪规，逐步发展为禅门茶礼仪式和茶艺习俗的经典样式。茶宴大体有两类：一是禅院内部寺僧因法事、任职、节庆、应接、会谈等举行的各种茶会。二是接待朝臣、权贵、上座、尊宿、名士、檀越等尊贵客人举行的茶会。

茶宴程式一般包括张茶榜、击茶鼓、设茶席、礼请主宾、礼佛上香、行礼入座、煎汤点茶、分茶吃茶、参话头、谢茶退堂等。堂内陈设古朴简约，堂外绿树掩映，使人感受宁静、肃穆气氛，强调内在心灵的体验。整个茶宴依时如法、庄重典雅、礼数殷重、行仪整肃、格高品逸、茶禅一体。

宋代及元代，随着多批日本僧人来径山禅寺习禅，也学到了径山茶宴，逐步移植到日本禅院，对日本文化影响深远。这是在中日文化交流史上继隋唐“遣唐使”之后掀起的第二个高潮。在这当中，径山禅寺扮演了十分重要的角色。

诗云：“茶道通禅道，名山尊径山”。中国茶学泰斗庄晚芳先生曾赞颂径山茶宴：“径山茶宴渡东洋，和敬寂清道德扬。古迹创新景色异，一杯四美八仙仰。”四美即茶的色香味形。

茶树簇拥的径山万寿禅寺

十一、《景德传灯录》与茶

《景德传灯录》是中国佛教禅宗的重要文献。该书为北宋禅僧道原编撰。

六祖慧能《坛经》中有“一灯能除千年暗，一智能灭万年愚”之句，以灯比喻禅法，为禅家习语，因此“传灯”也就含有禅法传承之意。又因该书修成于北宋景德年间(1004—1007)，故称《景德传灯录》。该书曾由宋真宗皇帝御批入藏，具有敕修史书的特殊地位，是有史以来第一部官修禅书，入录《大藏经》流传。

该书记叙禅宗世系源流，由七佛至文益禅师法嗣。凡五十二世，1701人，其中951人有机缘语句。作者道原，为开创法眼宗的文益禅师的再传弟子，因此该书记叙法眼宗较为详细。这一方面固然由于作者对法眼宗禅师较为熟悉，材料易于获得，另一方面也因为五代和北宋初年，法眼宗是当时最兴盛的禅宗宗派。

茶在唐代开始为人们广泛饮用，佛教也于此时开始在传法中利用茶饮。《景德传灯录》三十卷中言及茶的，总计约有130多处，僧徒传承之间以茶传法的事例不下六七十条。

如种茶、摘茶。该书卷七记：“普请摘茶。”卷八记：“师入茶园内摘茶次。”卷十二记：“普请锄茶园。”……

该书中有很多禅僧自喝茶，请客喝茶的记录，还记录了一些禅寺中有茶堂、茶筵、茶果及以茶助禅等。如卷十一记：“（僧）问：生死到来时如何？师曰：遇茶吃茶，遇饭吃饭。”卷十二记：“(僧)问：如何是和尚家风？师曰：饭后三碗茶。”……

禅师在回答学僧一些佛法大义及终极问题的追问，以及各个寻法寻真的问题时，常常回答“吃茶去”，以至形成了著名三字禅“吃茶去”公案。《景德传灯录》中，记载了18位禅师20多次用及“吃茶去”。

最早言及吃茶去的是庐山归宗寺智常禅师。该书卷九记：

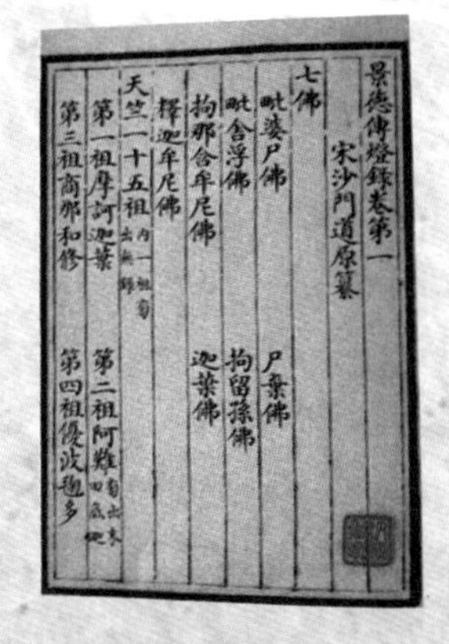
景德傳燈錄卷第一
宋沙門道原纂
七佛
毗婆尸佛　尸棄佛
毗舍浮佛　拘留孫佛
拘那含牟尼佛　迦葉佛
釋迦牟尼佛
天竺一十五祖
第一祖摩訶迦葉　第二祖阿難
第三祖商那和修　第四祖優波毱多

《景德传灯录》书影

“师云：坐主，归茶堂内吃茶去。”其他不少禅师也善用“吃茶去”。如该书卷十八记：“(僧)问：不向问处领，犹是学人问处，和尚如何？师曰：吃茶去。”卷十八记：“(僧)问：如何是西来意？师举拂子，僧曰：学人不会。师曰：吃茶去。”……

《景德传灯录》记载诸多禅师举用“吃茶去”机语，表明了在当时广泛饮茶的背景下，“吃茶去”公案具有活泼的生命力。以至于后来《五灯会元》书中详细记载赵州从谂禅师关于“吃茶去”的“赵州茶”公案，在后世产生了更大的影响。

《景德传灯录》作者道原是法眼宗传人，他崇敬文益禅师。在该书中多处记载了文益禅师传法的实录，其中就有文益禅师关于以茶助禅的事例。如：

> 升州清凉院文益禅师，余杭人也。……初开堂，日中坐茶筵未起，四众先围绕法座。
>
> 升州清凉院文益禅师……（僧）问：大众云集，请师顿决疑网。师曰：寮舍内商量，茶堂内商量。
>
> 升州清凉院文益禅师……师问僧：什么处来？曰：报恩来。师曰：众僧还安否？曰：安。师曰：吃茶去。

这些记载更证实了清凉寺与茶深厚的历史因缘，也反映了文益禅师教导学僧消融差别，用一颗平常心吃茶，以体悟禅宗的博大境界。

十二、在茶道诞生的地方泡茶

5月22日，“2017中国(顾渚山)皎然禅茶文化节”在长兴顾渚山脚下大唐贡茶院举行。从清凉寺剃度出家的道广师父参加了这次活动，禅茶文化节结束后，他从长兴大雄教寺回到清凉寺，向我们介绍了有关情况。

与江苏宜兴交界的浙江长兴境内，有一座顾渚山。这座山海拔仅355米，但却是一座有“魂魄”的山，这缘于一叶碧绿——茶。

唐代，宜兴及长兴一带盛产紫笋茶，文成公主就是带上此茶进藏的。763年，常州太守在宜兴造紫笋贡茶，量少不能满足需要，茶圣陆羽建议将长兴的顾渚山也划为贡茶区。770年在顾渚山设立了贡茶院。

因为宜兴、长兴两地合贡，两地刺史在交界的山顶建“境合亭”，协调贡茶生产及鉴评茶的质量。

皎然，长兴人，25岁时在江宁长干寺剃度出家，后来入住长兴妙喜寺。皎然嗜茶，他最早提出了“茶道”一词，“三饮便得道，何须苦心破烦恼”，他将禅宗主旨融入茶道之中。皎然是陆羽至交，正是他的指引，陆羽才知晓紫笋茶，陆羽《茶经》记载了“紫者上，笋者上”。风云人物颜真卿任湖州刺史，结交了陆羽、皎然等友人，他将紫笋贡茶生产推向了辉煌。

当时，长兴有寿圣寺、吉祥寺、妙喜寺、香山寺等寺庙。贡茶院产茶，日常由寺庙管理，实行寺院合一的管理模式。

在顾渚山设立的贡茶院是中国历史上第一家皇茶院。顾渚山孕育了“茶道”，创造了由茶而形成的独特的文化品位。这次举办禅茶文化节，正是围绕皎然和他提出的“茶道”，开展的一场为“茶道”正本清源的禅茶文化溯源活动。

浙江长兴唐代贡茶院遗址

此次活动看似仅一天，但实际上，文化节开幕前五天，在长兴寿圣寺内，每天都排演了“禅茶清凉戒行茶会”。30位出家师父统一着黄色海青，结跏趺坐，操作、体悟“一心七式”泡茶法。即：布席、取水、点火、候汤、投茶、浸泡、分茶。

禅茶文化节开幕的那天，在大唐贡茶院，敲响了祭茶法鼓，诵经、献花、供茶、礼赞、吟诵祈福祭文。50台茶席整齐地排开，有30台为法师的茶席，道广法师即参与其中的一席。诸位法师精心泡茶，为品茶人递上一杯杯禅茶，品茶人怀着谦和与感恩的心受茶。泡茶的、受茶的都不作声，寂静世界，心中只有茶。

道广法师聪慧好学，五天的学习操作，他很快就熟练了“一心七式”泡茶的方法。禅茶文化节上，他泡茶时淡然心定，动作流畅悦目，受到人们称赞。

道广法师告诉我们，禅茶文化节场面壮观，令人心灵震撼，对“茶禅一味”有了更深领悟。他说：“我们是在陆羽研究茶经、皎然首次提出茶道的地方，证茶道的根本。我们就是用一颗平常的心泡一杯生活的茶。”

他还说：“泡茶奉茶完全是生活化的，简洁，没有花架子，不作秀，就是为了一杯茶，绝不附庸风雅。在这里不分职位高低，没有什么领导坐前排的安排，一视同仁，来者都是品茶人。”

道广法师还告诉我们， 这次活动用的是刚炒制的紫笋茶。1979年以半烘炒法恢复制成了顾渚紫笋绿茶。紫者，指茶叶嫩时，叶边有明显的紫色晕斑，炒制后便消失了。该茶茶芽壮而多茸毛，饱满似笋。紫笋茶有着优异内质和独特的香味。用80摄氏度左右的热水冲泡，芳香扑鼻，汤色清朗，色泽翠绿，味道甘鲜清爽，带着些兰花的香气，看其茶叶舒展后的形态也似兰花初绽。“紫笋炒成满室香，便酌沏下金沙水”，用顾渚山上一口金沙泉水沏泡此茶更佳。1984年金沙泉也经重拓，泉涌不竭。

禅茶文化节会场茶香四溢，佛乐庄严。道广法师见识了禅茶大会的场面，实践了“一心七式”的泡茶方法，我们对他说：清凉寺再举办清凉茶会时，也可来一展身手了。

道广法师这样的年轻僧人在清凉寺有十多位，他们有的在北京、南京等地佛学院及日本留学，或读大专、或攻本科、或读硕士和博士研究生，有的在外地的寺院或修炼或住持。

清凉寺住持理海师父在培养青年寺僧上下足功夫，很高兴僧青年博学多闻，包括懂些茶道、香道等方面的知识技能，期望他们正信正行、以戒为师，在弘法利生的过程中发挥更大的作用。这些已是这篇茶语的题外话了。

十三、名山名寺产名茶

俗语道：天下名山僧占多。

寺庙多居于深山，绿树参天，净无纤尘，与自然环境融为一体。

有人误认为，这是寺僧为了逃避现实，脱离红尘，才隐遁山林。实际上，僧人修禅并没有山林和都市的区别，在佛家眼里，万物皆禅，处处有禅。北宋初，法眼宗第三代世祖永明延寿在山居诗中就将樵夫、文人与出家僧人同在山林生活做了比较："忙处须闲淡处浓，世情疏后道情通。……樵夫钓客虽闲散，未必真栖与我同""何如深谷一遗人，宴坐经行不累身。堪笑古人非我意，居山多是避强秦。"

樵夫、文人与出家僧人，看起来同样悠闲自在，但有本质区别。永明延寿的诗告诉人们：从目的上看，樵夫是为生计，僧人是为修行；从时间上看，樵夫文人未必能长年山居，有时文人还以此为饵，期待当权者"愿者上钩"，而寺僧则是长年山居；从意愿上看，世人居山有时是被动躲避灾难，而寺僧是为了更好的修行悟道。永明延寿禅师的诗形象告诉人们：一个人要活得忙处悠闲，淡处有味，必须道情贯通。道情贯通了，才得了然禅的旨趣。看看那些山上樵夫、溪边钓客、茅屋文人，虽然看上去闲散得很，可是并不能像永明延寿禅师那样，体味到身居山林修行的个中滋味。

清洌的山泉水

寺庙建于深山，“曲径通幽处，禅房花木深”，有助于寺僧坐禅入静，在追求领悟佛法真谛的过程中，达到空灵澄静、物我两忘的境界。这也正是佛教追求与大自然息息相近溯源生命的本真。

俗语又道：名山名寺产名茶。

天下名山，特别是江南名山，不仅是寺僧修行宝地，而且也是茶树生长适宜之地。这里的光照、水分、温度、土壤等条件有利于茶树的生长。山中烟雨绕佛寺，山中云雾覆佳茗。古刹和佳茗与山共融，造就了僧人与茶结缘的得天独厚条件。正如明代《茶疏》说的“天下名山，必产灵草。江南地暖，故独宜茶。”

茶与僧人结缘还在于僧人对茶自然功效的利用。茶性纯洁淡泊，有提神醒脑之效，有助于静思修禅。品茶于清淡隽永中完成自身人性升华，习禅于净心自悟中求得超越尘世，两者于内在精神上高度契合。因此，饮茶很受僧人喜爱。

中唐以后，众多寺院推行农禅制度，茶在寺院广为种植。寺僧不断总结茶树栽培、采制技术，名茶时有出现。唐代诗人就曾盛赞僧侣的制茶技术：“玉蕊一枪称绝品，僧家造法极功夫。”古代寺庙已是生产茶叶、研究制茶技术和宣传茶道文化的中心。因此，很自然地出现了名山名寺产名茶的现象。

名山名寺产名茶，不胜枚举。如江南的九华、普陀、峨眉、云居、武夷、天目等，金陵的栖霞、牛首、紫金、清凉、老山等，其制茶技术、茶品风味之高，历来为世所称道。正所谓：

名茶非凡品，韵味令人忆。

十四、峨眉秀色峨蕊茶

峨眉山，距四川成都一百多公里，位于峨眉县城西。其脉出自岷山，蜿蜒南向至峨眉县境突起三峰(大峨、中峨、小峨)。远看大峨中峨“两峰相对似峨眉”，细而长，美而艳，故称峨眉山。

魏晋时，峨眉山即建有寺庙。历史上最多时有百余座，其中著名的有报国寺、伏虎寺、清音阁、万年寺等。万年寺是峨眉山最大寺院，寺内供奉宋太宗太平兴国五年(980)铸造的高7.85米、重达62吨的普贤菩萨骑六牙白象的铜像。普贤像金光灿灿，体态丰腴健美，神情庄严聪慧。峨眉山是供奉普贤菩萨的道场，2006年，在峨眉山金顶新建了一尊高48米，重600吨铜质的十方普贤圣像，成为世界最高的汉传佛教朝拜中心。

峨眉山素有“峨眉天下秀”的美誉。纵横四百里，千岩万壑、重峦叠嶂、流泉飞瀑、雄伟险峻。其中部群山含

峨眉山金顶普贤菩萨塑像

烟凝翠，溪水潺潺，鸟语花香，草木丰茂。因优越的自然生态环境，唐代以来，寺僧就在山中植茶、采茶、制茶。主要产地在黑水寺、万年寺、龙门洞一带。

845年，万年寺昌福禅师参照《百丈清规》，并结合峨眉寺院情况，创编了茶道律谱《峨眉茶道宗法清律》，授62位学僧以茶法。881年，隆元禅师主持茶道律规，弘传“智·美”茶道精神。

峨眉山不少寺僧对茶的种植和制作较为精通。唐代，万年寺僧人就炒制出峨眉名品“峨蕊茶”。峨蕊茶是采摘初展的一芽一叶或二叶，炒制后条形细紧纤秀，密布茸毫，故此茶又称之“峨眉雪芽”，冲泡后，汤色明净，香高味醇。宋代苏轼题诗赞道：“我今贫病长苦饥，分无玉碗捧峨眉。”陆游也题诗赞曰：“雪芽近自峨眉得，不减红囊顾渚春。”明代神宗皇帝爱饮此茶，还御赐万年寺十多亩山地供僧人种茶。

二十世纪六十年代，万年寺觉空法师与寺僧一起创制了一款新茶。此茶扁平直滑，色泽嫩绿，汤色清亮，香味醇厚，但产量较少，亦没有起名。1964年4月，陈毅等人到四川视察，来到万年寺休息。觉空法师以这款茶招待陈毅等人。陈毅捧杯，一股茶香扑鼻而来。品了两口，味醇回甘，清香沁脾，问法师：“这茶产在什么地方？叫什么名字?”觉空法师告诉陈毅：“这是峨眉山特产，还没有茶名。请首长取个名字吧!”陈毅听罢，笑道：“我是俗人、俗口、俗语，登不得大雅之堂。我看这茶形如竹叶，清秀悦目，就叫竹叶青吧！”从此，这款茶就有了竹叶青这个芳名。

峨眉山寺僧一直坚持着以茶供佛的仪规，2016年9月25日，庆贺峨眉山金顶十方普贤圣像落成十周年，就供奉了峨眉雪芽加持禅茶500件1000多盒，以示虔诚和敬仰。

十五、海天佛国普陀茶

位于浙江舟山群岛中的普陀山，是我国佛教四大名山之一。

据《普陀山志》载：五代时，一日本僧人从五台山请观音像回国，途经普陀山为大风所阻。当地一户山民舍宅为寺于双峰山下，号“不肯去观音院”。此为普陀开山奉佛之始。

普陀山是供奉观音菩萨的道场，经历代兴建，至二十世纪三十年代，有三大寺、四大院、八十五座庵堂、一百四十八座茅棚，被誉为“震旦第一佛国”，又称“海天佛国”。

普陀山景色奇秀壮丽。一面是群立的山峰，一面是广阔的沙滩。这里气候宜人，空气洁净，阳光漫射，常年多雾，林木青翠，植被茂盛，茶园生态环境优良，产茶品质优异。

普陀山茶树，多为寺院种植。采制之茶用来敬佛、寺僧饮用、供应香客。明代文献记载：“普陀老僧：贻余小白岩茶一裹，叶有白茸，瀹之无色，徐饮觉凉透心腑。僧云：本岩岁只五六斤，专供观音大士，僧得啜者寡矣。”清代著名画家、八怪之一的汪士慎诗云：“峰头有树毓灵秀，屈干盘根卧云雾。春来叶叶如枪旗，衲子提筐摘朝露。”“老僧揖我坐凭几，自近风炉煎石随。满碗轻花别有春，津津舌本凉芬起。”诗里抒写了衲子提筐采茶，老僧礼请香客品茶的情景。

普陀山中的茶与泉的命名都与佛相关联。所产之茶称“佛茶”，山中的泉水称“神水”。相传煎神水泡佛茶可以治病。《浙江通志》载：“定海之茶，多山谷野产。……普陀山者，可愈肺痈血痢。”

普陀山观音菩萨塑像

普陀茶的制作：每年谷雨前后采摘一芽二叶，经杀青、揉捻、炒二青、炒三青、烘干五个过程制成。炒三青中,使茶条卷曲略带圆形，但似圆非圆，似条非条，形似蝌蚪，具有独特的外形特征。色泽翠绿披毫，汤色嫩绿明亮，滋味甘醇爽口。清光绪年间被列为贡品。

之后，普陀山佛事几经盛衰，佛茶生产也随之起落，至1979年佛茶生产才略有恢复。近40年来普陀茶生产有所发展，1981年列为浙江名茶，1999年获国际文化名茶金奖。

十六、莲花佛国九华茶

九华山，位于安徽省青阳县西南。《九华山志》载："九华山脉黄山来，九十九峰莲花胎。"因山势奇秀，在九十九峰中，以天台、莲华、天柱、十王等九峰最为雄伟，故原名九子山。又因唐代诗人李白有"昔在九江上，遥望九华峰"诗句，便改名为九华山。

相传地藏菩萨受释迦牟尼的嘱咐，在释迦牟尼去世，弥勒佛未生之间，尽度六道众生，拯救诸苦，方可成佛。佛经上称他安忍不动犹如大地，静虑深密犹如地藏。

唐开元年间（713—742），新罗国王族金乔觉渡海来九华山修行，前后七十多年，金乔觉圆寂后，当地信众看到他的肉身如同佛教传说中的地藏菩萨瑞相，就认为他是地藏菩萨的化身，称为"金地藏"。九华山成为地藏菩萨的道场，为全国性的四大道场之一，素有"莲花佛国"之称。

九华山佛教始于南北朝时期，至明清时，有佛寺三百多座，现存著名的有化城寺、肉身宝殿、祇园寺等。

九峰竞秀、神采奇异的九华山，风光诱人。九华山独特的寺庙建筑与秀丽的自然景观融为一体。人们礼佛诸庙宇，看凤凰松，登天台最高处，南眺黄山，北望长江，一水如练，乾坤悬浮，于阵阵梵音中，让人自疑达超凡之境。

走在九华街上，商店鳞次栉比，出售之物除佛教用品、旅游工艺品外，大多为当地土特产。销售茶叶摊点甚多，茶名各异。有九华毛峰、天台云雾、东崖雀舌等。还有直接与佛教传说相关联的金地源茶、闵茶、南苔空心茶、肉身仙茗等。

九华山地藏菩萨塑像

九华山茶肇始于唐，初兴于宋。最早的为“金地源茶”。《青阳县志》载：“九华为仙山佛地，……所产金地源茶，为金地藏自西域携来者，今传梗空简者是。”《五石瓠》载：闵园茶，即“唐闵，长者地也，产茶不多，僧焙之，岁数斤耳，用山中之泉烹之，色味殊绝。”到了宋代，又有“崇圣茶”，寺僧在崇圣寺边山坡上种植。又有“梦觉香茶”，《九华山志》载：“北宋诗僧了机于亭前栽茶千株，名梦觉香。”

宋代时，九华山茶品质优异，宋代诗人陈岩《金地茶》诗：“瘦茎尖叶带余馨，细嚼能令困自醒，一段山间奇绝事，会须添入品茶经。”诗中写到此茶可列入《茶经》中。南宋丞相周必大曾写道：“化城寺僧祖独居塔院，献土产茶，味敌北苑。”称赞此茶不亚于北苑贡茶。

明清时，九华山茶驰名全国各地。明代李时珍将九华山所产茶，列为“产茶有名者”之一。清代刘源长《茶史》称赞九华山茶“味道与众不同”，原因是此茶生长于“烟霞云雾之中，气常温润”。

九华山茶，叶条修长，旗枪紧束，呈紫绿色。细看峰尖，白毫似绒。用甘泉冲泡，茶叶沉在下面，水面上白雾缭绕，汤色碧绿。杯底茶叶如兰花伸腰，慢慢散开，茶色由绿变黄，味道越来越浓，饮之清香、甘甜，消疲提神。称之极品的“黄石溪毛峰”，1915年在巴拿马举办的万国博览会上荣获金奖。

近代以来，九华山茶发展缓慢。改革开放以后，当地整合原有茶叶品牌，主打“九华佛茶”这一品牌，并恢复南苔空心等传统名茶的生产。南苔空心经制作后，“梗空如筱”，冲泡后，梗蒂朝上，旗枪倒挂，如僧尼拜佛。

九华山上终年梵音如潮，佛香袅袅，钟鼓悠悠，甘露沐浴，使得山中一草一木、一花一石都仿佛有了灵性。九华佛茶处烟霭晴霞而得地利，因精工制作而扬其名，享佛国仙山而让人瞩意。

“碧芽抽颖一丛丛，摘取清芳悟苦空。不信西来禅味别，醍醐灌顶此山中。”上九华，不要忘了品尝佛茶。

十七、东山禅寺黄梅茶

位于湖北黄梅县的五祖寺，建于唐永徽五年(654)，是禅宗五祖弘忍的道场，也是六祖慧能得法受衣钵的圣地。因建于东山之上，亦称“东山禅寺”。赵朴初先生曾称赞这里：“中国禅宗，无不出自黄梅。”

黄梅产茶历史悠久。该县紫云山区有莲花峰，海拔1240米。在雾海云瀑的紫云山岩缝石罅间，长有一种野生茶，人们称之“老祖钻林茶”。

弘忍大师(602—675)自小跟随禅宗四祖道信出家，后又随道信到黄梅，承受双峰禅法，直到道信圆寂(651)。弘忍在双峰山东冯茂山另建道场，取名东山寺。接引四方学众，被称为“东山法门”。

弘忍创立“东山法门”，以东山为固定的道场，坐禅与劳作相结合，渐修与顿悟相共存，世间与出世间相融通。

有人曾问弘忍：“学道何故不向城邑聚落，要在山居？”弘忍说：“大厦之材，本出幽谷，不自人间有也。……栖神幽谷，远避嚣尘，养性山中，长辞俗事，目前无物，心自安宁，从此道树花开，禅树果出也。”

弘忍带领寺僧在山里种茶，寺院周围建起茶园，制茶供佛及僧人自饮、款待香客。后来有元甫长老，于山间开设禅茶场松涛庵，并编有《茶堂清规》。

747年，陆羽来到这里，实地察访黄梅茶产地，并将其写入《茶经》：“蕲州茶生黄梅山谷。”

进入宋代后，禅宗的临济宗分为黄龙、杨岐二派。北宋末年，杨岐派兴盛。杨岐下二世、白云守端的弟子法演晚年住持五祖寺，培养出圆悟克勤等杰出弟子。后来，圆悟克勤为五祖寺首座，广授“碧岩茶道”，探求茶道精神，茶风熏沐吴、越、闽大地，远及朝鲜、日本等国。

黄梅产的茶，从未入过中国名茶之列，也没有湖北当阳玉泉山产的仙人掌茶、恩施五峰山产的恩施玉露茶那么有名声。

但是，黄梅东山悠悠青山孕育了多少禅宗智慧。近些年来，五祖寺先后召开过十届世界禅茶文化交流会，共品茶之真味，共探茶之境界和精神。

2016年10月14日，这里又召开了以“从心来”为主题的第十一届世界禅茶文化交流会。“从心来”一语双关，一是禅茶大会第十一届，又一个新的开始，二是禅茶宗旨在明心见性，弘忍就倡导过“守本真心”。“东山法门”又称“东山净门”，净者，心也。从心来，这颗心是清净、慈悲、无着的心。从心来，这个心是从正知正见而来，从正信正行而来。

东山法雨西来意，四谛茶汤一味禅。

正是：

黄梅有茶，得天独厚。
黄梅有禅，历史悠久。
佛境禅关，山锦水秀。
因缘际会，禅茶成就。

东山五祖寺山门

十八、天心禅寺武夷茶

福建省崇安县(今武夷山市)境内武夷山，景色秀丽，三十六峰、七十二岩，清溪回流山间，映出一幅“碧水丹山”的奇异幽境。其山与水完美结合，人文与自然有机相融，1999年列入联合国“世界自然与文化遗产名录”。

武夷山佛教历史，可以追溯到魏晋之间。唐代初年，武夷山佛教即与茶结缘。晚唐时，武夷山瑞岩寺僧人释藻光，冬天扣冰沐浴，以冰烹茗，于荆棘荒蛮中坐禅，人称扣冰古佛。他为当时的闽王说法，建议在武夷山广为造茶，既用于敬佛，也可为国所用。

明末清初，武夷山佛教盛行，寺僧普遍参与植茶、制茶。清代《续茶经》记载：“武夷造茶，僧家最为得法。”

天心永乐禅寺是武夷山地区最大佛教寺院，深藏于武夷山中，因坐落于武夷山方圆120里的范围中心而得名。明嘉靖年间称之“天心永乐庵”，清康熙年间更名“天心永乐禅寺”。清光绪年间，光绪老师陈宝琛赠《福德因缘》匾，现仍悬挂寺中，二十世纪九十年代赵朴初先生题写寺额。该寺院地址为今大红袍景区往水帘洞景区的路上。

天心永乐禅寺僧人与茶因缘深厚。阮旻锡(1627—1712)，祖居金陵，明洪武年间移居厦门同安县，自幼喜爱饮茶，后来做了郑成功门下幕僚。清初，到各地远游，于1683年初在北京燕山太子峪观音庵出家为僧，法号

武夷大红袍茶

"超全"。1689年至金陵，隐居于城南青溪之上。1695年入武夷山天心禅寺。在该寺院，他与其他几位僧人一起植茶、制茶，并向武夷山中的茶农学习，深入研习制茶工艺及工夫茶艺，以茶论佛，品茗论道。

武夷山有别于一般丘陵地区的植茶。武夷山茶分布于峰岩之中，很是分散，采茶时又要各山跑动，茶青在茶篮中抖动、摩擦，犹如晒青、做青，会使部分鲜叶变软、红边。寺僧及茶农们在采茶制茶时，从中想到了采用半发酵方法制茶。经过不断摸索、完善，产生了晒(雨天则烘)、摇、抖、撞、凉、围、堆等做青手法，注重看青做青、看天做青，力求水分挥发恰好，叶片发酵适度，香气形成后即炒、揉、焙之。武夷岩茶制作工艺繁杂，要经过两晒、两晾、两炒、两揉、两焙等独特工艺，制出的武夷岩茶不涩不苦、香清甘活，滋味醇厚。

释超全后来写了一篇《武夷茶歌》长诗，概述了武夷茶的历史，记录了自己与僧人制茶的工艺和经验。直至今日，《武夷茶歌》仍然是武夷岩茶最权威的史料。

清咸丰五年(1855)台湾人林凤池在天心永乐禅寺品茶，钦羡不已，央求寺院方丈给他一些"矮脚乌龙茶种"，想带回台湾种植，后获赠36株。他在台湾按寺院植茶制茶工艺生产。后来，林凤池晋京，将此茶敬献光绪皇帝，龙颜大悦，按在台湾产茶所在山名，赐称"冻顶茶"，自此，成为台湾地区的第一名茶。

天心永乐禅寺僧人种植、制作的茶，起初称之"天心茶"，即后来被称为的著名茶品"大红袍"。民国三十二年(1943)，天心永乐禅寺僧人在产茶山崖，请当时一位石匠黄华友，凿刻"大红袍"摩崖石刻。有一联语称道：

绿叶镶边兮红袍罩身

善缘接善兮一泡心宁

甘浓郁馥、经久耐泡的大红袍等品种的武夷岩茶，为工夫茶茶艺的形成与传播创造了物质条件。而乌龙工夫茶茶艺作为茶文化传播的载体，深刻地影响了海内外华人世界的饮食文化和生活方式，为中华茶文化的传播和发展做出了重要贡献。

赵朴初先生曾在武夷山饮茶后写道：

饱看奇峰饱看水，

饱领友情无穷已。

祝我茶寿饱饮茶，

半醒半醉回家里。

赵朴初先生在诗中，不仅称赞了武夷岩茶，而且写出了他饮用武夷岩茶后的独特感受。

十九、寻访黄山毛峰茶

黄山，唐代以前称黟山。相传轩辕黄帝曾在此炼丹修身得道升天，唐玄宗下令改名为黄山。黄山以怪石、奇松、温泉、云海四绝著称于世。

我曾多次登黄山，记得1979年5月那次，在始信峰还看到了佛光。

这天上午7点半左右，始信峰西面的梦笔生花方向，山腰浓密的云雾里出现一个五彩光环。时而两道，时而三道，内环红色，外环紫色，里环清晰，外环光色稍弱。光环中间还有佛影。人动影也动，人停影也停。刹那间，游人欢腾，有的说佛来度凡人上天了，有的说菩萨显灵了。

后来知道这种奇异景象中的“佛”，是游客自已的身影。游客面向云雾、背向太阳，太阳光从后面射来，游人各自的影子就正好投射在光环里面了。虽然是大气光学现象，但人们仍以见到佛光而喜悦。

这次上山，在沿途见到不少山民摆地摊卖灵芝、干菊花、云雾茶等土特产。我购了一些当地产的茶，回来品饮后，留下了很好的印象。

史籍《黄山志》载：“莲花庵旁(山僧)就石隙养茶，多轻香，冷韵袭人断腭，谓之黄山云雾茶。”据说这茶即黄山毛峰茶的前身。黄山毛峰茶主要产于桃花峰桃花溪两岸的云谷寺、慈光阁、松谷庵、吊桥庵及半山寺周围。这与黄山众僧历代培植有关。1949年夏，黄山一老僧对来访的政府官员，曾采用当年生的大小相似的茶叶生片，每二片面合成一对，以四五对为一扎，作为礼品相赠。

1997年，一位在南京开茶楼的台湾茶商相约上黄山，去寻访、了解黄山毛峰茶。

黄山云雾

我们徒步登山，从云谷寺、慈光阁、半山寺、文殊院到散花庵，一路上见到不少卖茶的地摊，也见到一些带有寺院名称的地产茶。但没有见到寺僧，更没有寺僧修禅、沏茗的身影。我们有些扫兴。

据了解，明代时黄山佛教兴盛，琉璃片片、殿宇重重，有寺庵五六十座，寺僧数千人。清代以后，慈光阁等寺庙毁于火灾或战乱，黄山佛教衰败。新中国成立初期尚有少数寺僧，二十世纪六十年代后，僧人绝迹。历年黄山旅游开发，原寺院院址大都改建、新建成旅游宾馆饭店。了解了这些历史，我们没见到寺院及僧人，没见到僧人种茶品茶，也就不奇怪了。

下了山，我们在黄山农场见到了黄山毛峰茶。

农场里的茶树生长在云蒸雾润、百花溢香的环境中，芽大肥壮，芳香隽永。看那炒制的成品茶，尖芽紧偎叶中，酷似雀舌，叶芽下边托着一小片淡黄色鱼叶(俗称茶笋片)，全身白色细茸毫。

农场的茶工为我们冲泡此茶。入杯冲泡只见雾气绕顶，茶汤清澈明亮。茶芽竖直悬浮汤中，继之徐徐下沉。香气似白兰，进嗓润、味甘。

农场人向我们介绍，清光绪年间谢裕泰茶庄主人谢静和改进黄山云雾茶传统制法，精细加工，将茶标名“黄山毛峰”推向市场。

我们见这里的茶的确很好，购买了一些黄山毛峰茶，回来后细细品尝。

松从岩上出，
峰向雾中消。
峭壁苔衣白，
云奔山欲摇。

近十年，我没上黄山饱览这些奇异风景了。听说扬州高旻寺隆云法师1993年到黄山，落脚翠微寺。他后来发愿重建该寺，还从缅甸“请”来200多尊玉佛供奉在寺中。已经有僧人在此修行，香火重燃。

真想再上一趟黄山，再到始信峰去看那令人心灵震撼的佛光，也去游访能见到寺僧的翠微寺。如果到翠微寺，还可能品尝到隆云法师亲自沏泡的黄山禅茶呢！

二十、兜率寺的茶事

很喜欢到南京长江以北的老山狮子岭景区游览。这里集天然、清幽、静美、纯朴于一体，有生动的民间传说，还有滋味鲜浓的狮子岭茶。听古刹钟声，闻茶之馨香，如入人间仙境。

相传地藏菩萨在老山的西华峰坐了一夜，身后的石头突然从地下崛然而起，形状如同一只狮子，故名狮子岭。

到狮子岭，就想上兜率寺。

兜率寺深藏狮子岭腹地丛山密林中，小小山路，幽远而深僻。沿着山路拾级而上，入得寺中，就见到该寺的天王殿，再上去是玉佛殿、藏经楼、祖堂、罗汉堂、弥勒殿、普贤殿、文殊殿以及三圣殿、往生塔、药师殿、地藏殿等。过了斋堂就上山了。

整个寺庙开阔，有气势，但依旧有一种古朴、简约、无华之感，一派山林气象。站在寺里任何一处都叫人发欢喜心。只是2008年圆霖法师圆寂后，这里比以往冷清多了，更让人怀念圆霖老。

圆霖法师，当代高僧。自号山僧，32岁时于兜率寺出家学佛。1959年初，只身一人到江西云居山，亲近虚云大和尚，习禅作画，并按虚云老所嘱，绘历代祖师道影留存云居，深得虚云老的好评。

圆霖法师1982年住持兜率寺，淳朴天然的环境，与虚云老一脉相承的云居家风，在这里，佛教最宝贵的气象和灵魂保留了下来。他事必躬亲，全力投入寺庙的修葺复建，自画佛像壁画、自塑弥勒佛像、自书楹联匾额。

兜率寺

他与寺僧一起亦禅亦农，生产与修持并重，建设与福惠并行。他与寺僧一起植茶，并请来省里制茶高手指导茶叶炒制。

兜率寺僧人植茶制茶是有历史传统的。清代以后，兜率寺鼎盛时期，有常住寺僧40多人，加之四方云游者，常达百人。寺僧主要靠林、竹、茶、药材生产为主要生活来源。寺僧在山中种植茶树，山腰间、山坳里，树木环绕，常有阴雨，云雾滋润，这里产的茶，名为狮子岭云雾茶。

兜率寺僧人和当地山民不断更新茶种，扩大茶园规模。1929年，一位老僧从徽州移来7担茶种，新辟了茶园。1931年，兜率寺住持世空法师带领僧人又栽丛式茶园30亩。1934年，一山民从浙江调进茶籽，育成茶苗，又扩大茶园20亩。

二十世纪五十年代，寺内有木质对联一副：

世间重任实难挑，狮子林中，也好息肩聊倚石；

天下长途不易走，兜率寺里，何妨歇脚漫斟茶。

此联寓佛门哲理与世人世事之中，且紧扣狮子岭山石与茶，希望人们不妨到兜率寺坐坐，这里的茶是很耐人品尝的。

圆霖法师与书画家林散之曾结为莫逆之交，他们结伴出游，书画诗词互酬。林散之与圆霖法师常到兜率寺议佛品茶，1960年林散之在一首关于兜率寺的诗中写道："卖得山茶新叶好，雨前同赏碧螺春。"林散之还写道："江浦狮子岭产茶，今年南京佛教会派技术人员加工，其色香味不逊太湖东山碧螺春。"

狮子岭的茶，品质优异。这主要得益于狮子岭独特的森林小气候，土壤富含有机质，四面有大山，常有云雾、细雨滋润，故而造就出无可比拟的天然内在品质，再加上内含佛教文化的气蕴，所以这里的茶名声很响。这里的茶色泽翠绿，鲜爽浓醇，具有一种独特的油香。

我们来到兜率寺，到处可见到圆霖法师当年书写的楹联。法师的书法，圆体楷书，精于弘一体，老辣沉雄。其山水画作，意趣高古，虚静空灵。其观音像厚润圆融，庄严慈悲。法师以书画为佛事，以佛理，寓笔墨，悲心大愿方便教化。圆霖法师虽然已经离去，但他的高风永存，人们思念他、仰止他。

现在狮子岭周围，已成为老山国家森林公园狮子岭景区。一片又一片的茶园滴翠吐芳。当地茶场利用兜率寺僧人精制云雾茶的历史资源，制作出狮子岭云雾茶的极品"狮岭佛馨"茶，以及"老山云蕊"茶，并注册了这两个商标。

希望茶场能保持森林生态，杜绝工业污染。珍惜圆霖法师及寺僧植茶制茶付出过的心血，保持狮子岭茶的优异品质，让狮子岭佛茶更为声名远播，以告慰圆霖长老。

二十一、牛首山的茶思

阳春三月，南京市南郊的牛首山漫山滴翠，桃花、幽兰、杜鹃杂以青竹、绿茶，将牛首山装点得生机勃勃。牛首山是南京人到郊外游览的好地方。民间有“春牛首，秋栖霞”的说法。

牛首山有东西两座山峰。东晋时，晋元帝想在建康城建华表(阙)。东晋丞相王导，指着牛首山的双峰对晋元帝说：“此天阙也。”牛首山亦被称为天阙山。

牛首山佛教历史悠久。南朝刘宋年间，有个叫辟支的高僧在西峰山洞里修炼成佛。唐代时，唐代宗让太子在东峰建了一座弘觉寺塔。宋代，有位官员在西峰建了辟支佛塔。牛首山还是禅宗牛头宗的祖庭。唐贞观十七年(643)，法融在牛首山幽栖寺北岩下创立茅茨禅室，授徒传法，其禅法被称为牛头禅。明清时，牛首山僧人咸集，终年梵音缭绕，四季香火不绝。

寺僧嗜茶，牛首山的茶很有名气。明代时，山上就建有“茶径”。清代时，茶林遍布，其中的“天阙茶”更是名噪一时。

明代的《牛山宴别》诗写道：“导行童子各持香，倦生僧房即倾茗。”《宿牛岭寺》诗也写道：“自汲石泉水，同僧沏佳茗。”清代《金陵待征录》载：“牛首天阙(茶)得而嘴含焉，次于龙井，等诸阳羡者也。”此茶可与阳羡名茶比美。清代袁枚《江宁县新志》载：“茶出天阙山，香气俱绝。”

原兜率寺住持圆霖大和尚书法“经书滋味长”

牛首山佛顶宫

历代天阙茶的产量并不是很高，能得到此茶的人，对此茶都十分珍惜。

清初文人杜濬(字于皇)，一生爱茶，自号茶村。他把茶看作是自己的性命之交，说“有绝粮而无绝茶”。每次从牛首山僧人处受赠到天阙茶都爱不释手。他与知名文人李渔结为知友后，又毫不犹豫地把天阙茶转赠给李渔。李渔曾写诗《答于皇谢赠天阙茶》，除感谢杜濬赠茶，也赞赏了此茶：“闻君耽苦啜，澡雪试真茶”，“只兹天阙种，填作武陵花。”李渔认为，像天阙这样的好茶才是“真茶”。

民国时，也有人尝到此茶。中央大学教授吴白匋(征铸)曾在回忆中写道：(牛首)“山有野茶十余味，唯长老知其处，岁可得叶一二斤，悉以赠师(胡翔冬)，粗如松毛，而色香浓郁，煎五六度不减。铸幸得一尝，以为世间绝品也。”

历史上，人们观览牛首山风景可见到东西双峰对峙，辟支佛塔、弘觉寺塔两塔互相映照，牛首山双峰双塔的恢宏格局历时千年。

1937年至1958年，牛首山西峰经历大规模开矿，逐渐下陷成为矿坑，辟支佛塔也于1958年被拆除，双峰双塔之宏伟景观不见了。“文革”中，仅存的石佛又遭到打砸，牛首山一带满目疮痍，茶树不见了踪影，天阙茶也失传了。

山上无茶山下栽，牛首春茶复又来。牛首山脚下的铁心桥乡人植茶热情高，二十世纪七十年代末，大力发展茶业，至1984年，铁心乡有茶园1330亩，成为当时南京城郊超千亩茶园的三个乡之一。走在乡间，一处处竹林青翠，一片片茶园碧绿。

八十年代初，我在该乡支农工作一年，曾品尝到牛首山下郑家凹村茶农炒制的，名为“牛首春”的新茶。该茶色泽翠绿，两叶挺直削尖，匀齐对称，香气清醇如甘，是我平生第一次喝到这么鲜香的新茶，印象深刻，至今难忘。

城市发展的速度很快，铁心桥乡大部分的树木茶园被清除，布满雨花石层的山体被削平，水泥建筑一幢幢拔地而起，茶树的影子都见不到了。

时光弹指而过。2015年10月，释迦牟尼佛骨舍利供奉大典在牛首山举行。牛首山生态修复启动，天阙茶园也将开辟。2016年初，老崔茶馆主人在寺僧指导下，于牛首山佛顶宫开设了“牛首烟岚禅茶院”。春节后，应崔波先生邀约在此品茶。因是猴年，品尝了应时应景的、优质“太平猴魁”。当时我们议论，在此能品尝到地产的牛首山茶多好哇！

名山名寺出名茶，这既要有造化之功，也需有人力施为。老崔茶馆主人很有志向，与牛首山天阙茶园一起，启动了创制失去多年的“牛首春”茶。

待新品牛首山茶问世时，坐在离佛陀最近的茶馆——“牛首烟岚禅茶院”品新茶，定会别有一番滋味。

佛已在，心已往。品饮之中的那种禅味，会更加玄妙。以茶的至味结茶缘，结佛缘，让佛的慈悲、茶的香洁，净化心灵，温暖生命。

清代《金陵四十八景图》
之一 牛首烟岚

二十二、紫金山的茶趣

巍巍钟山，是南京地区群山之首。因该山北坡的紫色砂岩在阳光照耀下，散发出耀眼的紫金色，故也称之紫金山。

六朝时，钟山绝顶处的北麓，曾有一座白云寺。寺内有“白云泉”，寺的东头不远的峭壁处，有“一人泉”。

历史上著名的钟山云雾茶产地，就在白云寺附近。这里人迹罕至，常年云雾缭绕。每年春天，寺僧在清晨云雾浓重时采摘茶叶。此茶泡在杯盏内，隐隐约约地自分三层，氤氲起云雾之状，故称为云雾茶。因产量少，茶客虽多方寻购而不可得。

清代人著《虫鸣漫录》记载了一个有趣的故事。说有位读书人在白云寺读书年余，同寺僧结下深厚友谊。临行时，僧人赠他一包钟山云雾茶。此读书人是个书呆子，不知此茶的价值，回家后便随手放在书架上，不再理会。后来遇到一位显贵，要觅此茶进贡，拍皇帝老儿的马屁，竟百计而没得到。读书人听说后，方才忆及僧人曾赠此茶，忙取出来查看，色香仍然未变，便送给了这位显贵。显贵甚为高兴，酬以二千金，读书人这时方知此茶竟如此珍贵。

当年寺僧用白云泉或一人泉水沏泡钟山云雾茶，其味甚佳。清代《金陵物产风土志》也载：“品茶必先试水，钟山一人泉之水，品茗最佳也。”

民国时，有人撰《白门食谱》，其中记道：“钟山，即紫金山。山中产茶曰云雾，今不易得。闻昔人以此茶，

中山陵

取山中一勺泉之水，拾山上之松球，煮而食之，舌本生津，任何茶不能及也。”世事沧桑，钟山云雾茶失传了。

但是在钟山，一直有人从事着植茶的事。1907年，清政府两江总督在钟山南麓的霹雳沟(今梅花谷附近)，设立了中国历史上最早的茶业改良研究机构——江南植茶公所，并在灵谷寺附近开建新式茶园。这个机构在辛亥革命后因战乱停业了，但茶树种植没有停止。1925年，当时的总理陵园管委会在紫金山东沟开拓茶园50多亩。1931年，宋美龄又要求在灵谷寺、梅花山、小红山官邸一带种植茶园。到1933年，钟山周围建有茶园达300多亩。抗战爆发后，此地茶园遭严重摧残。

清代《金陵四十八景图》之一 钟阜晴云

时代变迁，紫金山头陀岭附近的白云寺早已不存，一人泉因紧沿着峭壁，游人也难以见到。

二十世纪九十年代初，潘永年任中山陵园管理局局长，他带领员工调查并开发沉睡千年的历史景观遗址。在白云寺遗址建“白云泉(紫云轩)茶社”，于头陀岭兴建了白云亭，铺筑因山就势小道，游人可攀至一人泉。还建了一条紫金山观光索道，终点就在头陀岭，游人上山观览以及到茶社都很方便。

有一次，我与潘永年在白云泉茶社一起品茶，他告诉我，计划在这附近广植茶树，争取能重现钟山云雾茶的风采。潘永年兄前些年不幸去世。这以后，也没再听到有人说起试制钟山云雾茶的讯息。

值得欣慰的是，钟山这座著名的山，有“钟山云雾茶”的历史因缘，在这里，1959年雨花茶创制成功。雨花茶一经问世就跻身中国名茶之列。其独一无二的精神蕴含，富有象征意义的独特外形和纯粹内质，成为当代茶文化园地中的一朵绚丽奇葩。全国四次名茶评比，雨花茶均被评为全国名茶。

钟山是雨花茶的发祥地，也是品茗赏泉的绝佳地。这里泉水广为分布，涌溢出的泉水清纯，口味甘洌。历史上，有钟山一人泉、八功德水、白云泉、黑龙潭、应潮井等名泉。明代开国皇帝朱元璋的十七子朱权，是历史上著名的茶艺家，他喜爱钟山的青山绿水，他曾评钟山的“八功德水”为全国第二名的优质泉水。

人们把紫金山称作南京的绿肺。这里浸润着大自然的气韵，有着林间溪头的野味。风景与文化、历史与现实、环境与心境都在这里融合。

现在紫金山周围，开设了美龄宫、永丰诗舍、灵谷山房、雨花茶园、紫金山庄、茗汇茶社等多家品茶好去处。择一日，与三五好友一起，前往钟山深处，觅一处静谧之地，可以宁静清幽的享受美好的品茶时光。

明代人在紫金山下品茗，曾写诗道：“山下几家茅屋，村中千树梅花，藉草持壶燕坐，隔林敲石煎茶。”人们也可与好友一起，来到林中草地上，用自带的茶器具，煎茶品茗，还可能再现明代人诗里写到的幽雅的意境呢。

二十三、栖霞山的茶情

清代《金陵四十八景》中有一景“栖霞胜境”。其评语词为:“在姚坊门外，山多产药，可以摄生，故名摄山。南史名僧绍居此，舍宅为寺。有千佛岭、天开岩诸胜。俯临大江，云光映带。以栖霞名之，诚不虚耳。”

《栖霞寺修造记》也赞誉道：“金陵名蓝三，牛首以山名，弘济以水名，兼山水之胜者，莫如栖霞。”

栖霞山名胜古迹遍布，人文景观众多，有“一座栖霞山，半部金陵史”的说法。

栖霞山也是我国江南茶文化的发祥地。唐代，茶圣陆羽于758年居住在栖霞寺，亲自上山采茶，在寺里写《茶经》初稿。760年，诗仙李白居住于栖霞寺，写了我国最早的一首以名茶为题的茶诗，也是李白一生中唯一的一首茶诗。唐末宋初，在栖霞山下，开设了江南最早的一家茶馆。明清时，该山产的摄山茶，被列为江南名茶。清乾隆皇帝六次南巡，五次驻跸栖霞行宫，写了两首赞扬陆羽在此山采茶的五言律诗。

为了缅怀陆羽，展示栖霞山茶文化，2001年在通往山顶的半途中，建造了“陆羽茶庄”。该茶庄建筑面积达800多平方米，四层，仿唐建筑。

2015年9月1日下午，“陆羽茶庄”举办“与琴曲相守，赴栖霞之约”茶会。这天上午得闲，我一早来到栖霞山，礼拜观瞻栖霞寺后，即去寻访陆羽当年在栖霞山采茶的遗迹。

穿过千佛岩山麓一侧，来到一口水潭，名为“品外泉”。相传陆羽当年评全国名泉时漏掉了这口泉，故名“品外泉”。再跨过一座石桥，翻过一座凉亭，沿深涧走过一段险崖，抬眼望去，见悬崖上镌刻“试茶亭 · 白乳泉”六个大字。

相传宋代僧人为了纪念陆羽在栖霞山采茶，在当年陆羽采茶试茶的地方建“笠亭”，并在摩崖刻石，这六个大字古朴拙劲。

我伫立崖下，眼前仿佛出现一千多年前陆羽采茶的情景：他“采摘知深处”“野饭石泉清”，背负采制工具，攀层崖，饮泉水于山中。

当年陆羽白天上山采茶，晚上与寺僧聊天品茶。有时上山采茶来不及回寺里，就住在山中农家，“旧知山寺路，时宿野人家”，虽然艰辛，但他心情愉快。

陆羽常登上山顶远眺，但见长江如链绕护金陵，翠峰如浪泊涌钟山，山下寺院的磬声不时传来，山间人家的炊烟袅袅飘散。陆羽感到此地处处散发着灵气，身在此处心胸顿感开阔。

栖霞禅寺

清代《金陵四十八景图》之一 栖霞胜境

我离开摩崖石刻处，下山道，寻白鹿泉，未果。然后来到葆真庵遗址附近新建的“桃花扇亭”。相传秦淮名妓李香君在葆真庵出家。孔尚任以李香君的史迹写成了《桃花扇》。孔尚任游历此处，曾写诗道：“但闻松水沸，不辨市朝烟。红紫垂秋果，香灯坐老禅。”一幅栖霞秋景之图呼之欲出。

我坐在“桃花扇亭”休憩，取出自带的茶水品饮，想到历史上这里出现过的有关摄山茶的轶事。

明代以前，栖霞寺僧人就在寺院周围植茶、炒茶，但口感总不甚佳。“主僧亦采而荐客，然炒法不如吴中，味多辛而辣。”后来，寺僧学习外地好的制茶技术，地方文士也参与研制。明嘉靖年间，知名金陵文人盛时泰邀约苏杭等地制茶人士来栖霞山，“解茗事，结社而居，自采茶炙之，汲泉以试”。自此以后，摄山茶质量大为提高，到了清代，成为与牛首山茶、清凉山茶并列的金陵三大名茶之一。

清代两江总督尹继善，曾带上茶童，邀约大文人袁枚来到栖霞山白鹿泉旁，拾取松枝，泉边汲水，烧柴煮茗，沏摄山茶。他们品茶兴致很高，太阳快下山了，还在对这里的景、泉、茶谈论不休。尹继善写诗记道：“近同白鹿源相接，远有桃花涧可通。拾得松枝频煮茗，长咏坐对夕阳红。”

我寻访了一个上午，下午到“陆羽茶庄”参加“与琴曲相守，赴栖霞之约”的茶会。

走进“陆羽茶庄”大门，迎面就是一尊陆羽手持《茶经》的全身塑像。瞻仰这尊陆羽塑像，我想：如若再有一尊李白塑像多好。陆羽758年寄居栖霞寺，759年离开这里。李白760年寄居栖霞寺，只相差一年之余，历史没能让诗仙李白和茶圣陆羽在栖霞寺相会，他们失去了一起论诗品茶的机会，这是中华茶史上一件憾事。

陆羽在栖霞山采茶的经历，李白在栖霞寺写就的茶诗，都是中华茶史上精髓的部分。

在这天的茶会上，品的茶让我回味不已，因为茶里有了更多历史的味道。

二十四、清凉寺的茶韵

暮春时节，我与两位老者相约清凉寺。

清凉寺的维修刚刚结束，黄墙碧瓦的大殿、黄墙黑瓦的波浪院墙，在青山翠竹映衬下更显出江南寺院的特色。

寺僧热情地接待我们在清凉小院入座，用清凉寺专制的清凉禅茶杯，为我们每人的杯里放了一把春茶。

我乍一看，是普通的炒青。仔细观察，尽是嫩嫩的茶芽，绿翠油润，紧结挺秀。寺僧为我们冲泡，只见绿油油的茶芽在沸水中翻滚。冲泡稍许，随着水气的散发，一股悠悠清香扑鼻而来。观看茶汤，绿中泛翠，嫩绿的茶芽沉铺于杯底，完整均匀。品尝滋味，满口鲜爽。冲泡三次，香味不减。

我心里想，多次来清凉寺，怎么没喝过这个茶？寺僧见我疑惑，告诉我，这是谷雨前，从清凉寺后山茶园采摘炒制的茶。

我恍然大悟，难怪这茶喝在嘴里苦而不涩、回甜隽永、甚感清凉。

历史上，清凉寺茶名气颇大。南唐保大三年(945)，由寺僧广惠开掘了一口井，名为“保大泉”，俗称还阳泉。水质甘醇清冽，相传久饮鬓发不变，寺僧以此泉烹茗饷客。寺院还专设茶堂，史书记载，学僧请文益禅师讲经释疑，文益禅师说：“茶堂内商量”。文益禅师在茶堂常用“吃茶去”的禅林法语，借茶论禅，启发学僧跳出言语字句，触机开悟。南唐中主李璟常来向文益禅师请教佛理，并将福建建瓯贡茶院产的“北苑茶”赐予寺僧。后主李煜在寺里建了避暑离宫，来此打坐念佛，与小周后一起烹茶品泉。

宋代时，王安石、苏轼、陆游等人先后参访清凉寺长老，长老都以茶相待，文人名士在寺院体悟茶禅佛理。

清初，著名画家龚贤常上扫叶楼拜访释宗元。释宗元亲自焚香，用还阳泉水沏茗，与龚贤叙事谈经。龚贤在一首诗中写道：“何处堪邀赏，闻僧对煮茗。”

清代，清凉山茶更是成为名茶。《江南通志》记载：“江宁天阙山茶，香气俱绝。城内清凉山茶，上元东乡摄山茶，味皆香甘。”这里把清凉山茶和牛首山茶、栖霞山茶并列，作为当时南京三大名茶之一。

时光飞逝，我们在清凉寺又见到并喝到了产自清凉山的茶，真是太有缘了。

中午时分，清凉寺住持理海师父在栖霞山佛学院讲授完课，回到寺里。见到我们，热情招呼我们一起用斋。用斋后，理海师父与我们一起品茶。

我们向理海师父谈了在修缮一新的寺院品茶的感受。他听了后，对我们说：“寺院维修是为了保持清静庄严气象。但寺院的核心不在于外在的装潢，而是每个人内心的道场。清凉道场存在的意义，就是内心的那份清凉。”

理海师父还微笑着说：“欢迎你们常到清凉寺来。无论是谁，你来了，我就在这，茶也在这。”

“你来了，我就在这，茶也在这。”多么感人的话。话

清代《金陵四十八景图》之一 清凉问佛

语透着禅音，浸润了我们的心。身处这幽静的环境，耳听师父的启智心解，品饮的这杯茶更有了滋味。在当下喧嚣繁杂的尘世中，人人都需要一杯好茶，来洗涤心中的烦恼和尘埃，抚慰自己的心灵，求得内心的那份清凉。

理海师父告诉我们，你们喝的是清凉寺后山茶园的生态茶。你们用的这个纸制茶杯，其内壁是用玉米汁做的环保杯。

“生态，环保”，法师竟然这么看重。感谢理海师父的热情接待及深刻开示，我们按着理海师父告诉的方位去探寻那片生态茶园。

清凉山是一座真正的城市山林。山不算高，但气韵非常生动。林木茂盛，古木参天，花草俏丽，一派暮春旖旎景象。

我们走在蜿蜒的山道，一簇簇盛开的杜鹃似在向我们微笑，一棵棵新出土的竹笋似向我们问好。走过山谷，翻过一道山，就见山坡上那片绿油油的茶园。

深幽旷野的茶园苍劲古朴，醺醺然的空气中挟带着一股令人心醉的清新气息。放眼望去，这片茶园有两三百株茶树。树林落下的枝叶和杂草积下的腐殖质，成为茶园软软的天然肥料。我们走在上面，脚下软软的。听说这片茶园一年只采摘一次，所以这里的芽茶粗壮肥硕，老叶呈现出墨绿色。

这片生态茶园与漫山修竹相映，空蒙青翠，平添了几份隐逸的绿幽、诗意的浪漫，赋予了清凉山一种文化的韵律。山下不远处是公路，路那边即是高楼。那边是繁华，这边是空灵，我们呼吸山林间清静无尘的空气，沐浴阳光淌进心里的时光。

下山的路上，我们还念着那一片幽静的茶园，更想到清凉寺僧人那修炼的平静，回味清凉小院品饮的那杯清凉禅茶。我们用身心感受那茶叶青涩的苦味，苦而后甘的香味，那茶香的淡和人心的酽，以及理海师父那一席启智心解的开示。

回到家中，我翻出《扫叶楼集》这本书。书里有不少清末民初文人与清凉寺僧以诗咏茶、以茶入禅的诗。我反复品读了几首：

寒风料峭雨丝长，静坐微吟茗细尝。
太息世间喧热甚，何如此处习清凉。
花开见佛悟无生，自寄清凉妙果成。
我欲登临寻古迹，与君扫叶汲泉烹。

这些诗表现了品茶静思中，悟出天地万籁皆是因缘而生，诗人的心地已超出一般的静趣，品味到“花开见佛”的禅趣，以及企盼“与君扫叶汲泉烹”的净趣，品茶的韵致与参禅的意境沟通一体。

我还咏诵了清凉寺僧寄龛上人的两首诗：

自笑虚空无住禅，挑灯话旧总因缘。
相逢正是春光好，草绿江南二月天。

欣逢杖履过禅房，品茗清泉韵味长。
有约年年重九日，登高同到草香堂。

寄龛上人与文人们相约，待到重阳节时，再来寺院同饮一盏茶。

读到这里，我想起理海师父曾说每年秋日重阳，清凉寺都会举办重阳茶会。我即写了“待到重阳日，再去清凉寺”这句话，在微信上发给我这两位老者，相约秋日重阳节到清凉山登高，再到清凉寺听师父论茗话禅。

第三辑

一、文益禅师设“茶堂”于清凉院

“自古名寺出名茶”“吃茶是和尚之风”，这些佛教与茶的俗语，说明了茶与佛教的密切关系。

六朝时，茶开始在佛寺盛行。僧侣静思念佛跏趺而坐，头正背直，长时间的端坐易于产生疲劳困倦。能提神驱眠、生津止渴的茶，成了僧人理想的饮料。

唐代，佛教禅宗发展，寺僧发掘茶性的精义神韵，借茶悟禅，饮茶运用到禅法中去，茶在佛寺更是不可或缺了。中晚唐时，百丈怀海禅师(720—814)总结禅宗礼仪规范，其中将饮茶规范也纳入《百丈清规》之中。

唐大中三年(849)有一老僧已120岁了，唐宣宗皇帝询问服何药至此。老僧说，平常日不下四五十碗(茶)。皇帝听说后，表示要学老僧每日饮茶，并赐茶给老僧。皇帝将他留下，住在京城的保寿寺。皇帝将老僧煎茶、饮茶的小房子赐名为“茶寮”。因此后人称“僧寺茗所曰茶寮”。

唐天复三年(903)福州报恩寺建筑时，专门设了与僧堂相通的“茶堂”，为僧人专门饮茶之所。后来有人评论此事“实释门之盛事”。

唐五代时，文益禅师在福建求学悟道。他是浙江人，又长期在福建学禅，特嗜茶。后来，南唐中主李璟礼请他住持清凉院。文益禅师即利用清凉院内的应潮井(还阳泉)，在离泉水不远处专设了茶堂，用清冽的还阳泉水煎煮香茶。茶堂既是为学僧解疑释惑之处，也是接待施主贵客用茶之所。史书中记载：

文益禅师画像

僧问：大众云集，请(文益)师顿决疑网。

(文益)师曰：寮舍内商量，茶堂内商量。

明代人编集的《金陵清凉院文益禅师语录》，记载文益禅师开示学人的121则语录，其中相当一部分就是文益禅师在清凉院茶堂内解答学僧提问的语录。当时高丽国道峰山的慧矩禅师，专程来清凉院求学于文益禅师。文益禅师也在茶堂内解答慧矩疑惑不明的禅理，慧矩禅师回高丽后，被赐为国师。

文益禅师在清凉院专设茶堂之事，为后人津津乐道。宋代《景德传灯录》记载："(文益)初开堂日，中坐茶筵(堂)未起，四众先围绕法座。"学僧在茶筵(堂)内的法座周围安静地坐好，等待文益禅师说法论禅。

明代金陵著名文士焦竑在《茶寮》诗中写道：

滞绪棼难理，
灵芽味自长。
殷勤就君语，
一酌得清凉。

诗中说：当烦躁的心绪难以消失时，来到清凉寺的茶寮(茶堂)，寺僧为之沏一杯香茶，聆听禅师说禅，静心地品茗，心绪就开朗了。"一酌得清凉"，在茶堂饮茶的愉悦、收获，倾注在诗里，跃然于纸上。

二、由《清明》诗里写杏花想到的

又到一年清明时。

清明与寒食节(清明前一天)、上巳节(三月三)，时间相近，节俗内容交叉，寒食重纪念、清明重祭祀、上巳重娱乐，在长期演变过程中，“寒食”并到清明，“上巳”融入清明，这使清明节的地位提高，文化内容丰富了。

说到清明，人们最熟悉的诗是唐代杜牧的《清明》:

清明时节雨纷纷，路上行人欲断魂。
借问酒家何处有，牧童遥指杏花村。

杜牧于833年到扬州上任，途经江宁，游历秦淮河畔，写下了《泊秦淮》《江南春》《清明》等诗。诗里写到的杏花村，位于江宁西南隅，凤台山、花露岗低丘地带(即今胡家花园周围大片地区)，因为“村中人家多植杏树，间竹成林，春末花开”，故名杏花村。

由杜牧《清明》诗中写到的杏花，让我想到读过的一首禅诗，有说是文益禅师写的，也有说是泰钦法灯禅师写的，（泰钦法灯禅师是南唐时一位高僧，法眼宗第二代世祖）还有说是法智写的。这首诗写道:

幽鸟语如篁，
柳垂金线长。
烟收山谷静，
风来杏花香。

鸟啼鸣、竹叶青、柳枝长，烟岚消散，山谷清晰，柔风中弥散杏花香。

清凉泰钦法灯禅师画像

禅师写诗，不只是写景，诗中还蕴含着深刻的禅理意趣。烟收山谷静，烦恼的烟岚散尽，佛性的真面目就自然显现；风来杏花香，这时，一花一世界，一花一天堂，不正是那涅槃妙境吗！一切现成啊，寻常饮水，饥来吃饭，困就睡觉，就是这样呀。

当时杏花村周围寺庙很多，著名的有瓦官寺、金粟庵等。泰钦法灯禅师是不是春天来到这里，看到盛开的杏花后才写的这首诗，现在不得而知。但是，泰钦法灯禅师圆寂后，即安葬于这一带。前些年，离此不远处因建设拆迁，发现了安葬泰钦法灯禅师的《墓志铭》，其中写到葬于“江宁县凤台乡小茭里”。南唐时的凤台乡即凤台山、花露岗、杏花村这一地区。

当年，南唐后主李煜很尊崇泰钦法灯禅师，多次向他请教佛法禅理，还赐予春分时节采摘制作的北苑贡茶。

古代的贡茶以早为贵。最好的是社前茶(春社前，大约在春分时节)，火前茶(寒食节、清明前)，雨前茶(谷雨时节)。唐代时，产于宜兴的阳羡贡茶、浙江的顾渚贡茶，春分时即采摘。社前、火前、雨前采摘的茶芽，凝结了岁前的养分香气，蕴含着早春的朝露暮雨，流转着新春时的清新盎然，这时的茶是至真至诚、无妄无嗔。

南唐时，气候发生变化，初春时特别冷湿，江浙产的贡茶无法采摘。南唐君主派管理皇家北苑花园的官员南下福建去监制贡茶，此茶被称之北苑贡茶。当年的火前茶是极品，雨前茶是上品，李煜将如此好的茶赐予泰钦法灯禅师，可见李后主对泰钦法灯禅师是何等的敬重。

泰钦法灯禅师圆寂后，南唐后主为何把泰钦法灯禅师安葬于离宫城不远的凤台山这里呢？是禅师常在此谈经说法，还是禅师喜欢这里盛开的杏花？不得而知。

清明是关乎生命的节日，它让人从纷纷扰扰的空间之维回到时间之维，追思过往，省思当今。人们祭祀先祖、为故人扫墓，都是生者与死者的对话，它不仅扫去墓碑上的尘埃，更扫去活人心里的尘埃，让生活回到生命本身，重归生活世界的宁静与“清明”。

清明时节是万物生长之时，皆清洁而明净。江南茶园里新炒制的茶纷纷上市，地产的有独特形状的雨花茶受到人们的喜爱，外地的武夷茶人恢复生产了历史上的北苑茶，也引起人们的关注。

我想，这几天可以选个日子，带上新制的北苑茶及刚炒的雨花茶，邀约几位朋友，到凤凰台胡家花园，既踏青，又品茶，更凭吊。

在该花园后山的杏花树下，摆放祭台，献一束鲜花，敬两杯新茶，点三炷檀香，凭吊和纪念泰钦法灯禅师，不忘记他为后人留下的“解铃还须系铃人”的成语，不忘记他为传承佛教禅宗法眼宗禅学思想所做的杰出贡献。

所以有这样的想法，更是因为：一年一度的清明节，不管是烟雨蒙蒙、青草离离，还是哀思悠悠、悲情渺渺，它带给人们的,应该是一个民族的精神慰藉和文化上的代代传承。归葬于凤台乡的泰钦法灯禅师值得人们记住。

淡思清明：恪守那份“断魂”的价值。

南唐茶具之一
（白釉瓷茶瓶）

三、从清凉寺壁画海水图说起

一天，与理海师父、董群教授茶叙。我谈及近查史料，南唐清凉寺曾有两幅壁画海水图。

《宣和画谱》卷九载：“董羽字仲翔，毗陵人，事李璟为待诏。金陵清凉寺有羽画海水。”

《五代名画补遗》载：“陶守立，池阳人。建康清凉寺浴室门侧画水，南州识者，莫不钦叹。”

后人评价董羽、陶守立的海水图：“皆振妙于时也。”

理海师父告诉我:“佛法若大海那样浩瀚无垠，义理极深。”

理海师父还说：“每个人只是一滴水，唯有放入大海才能永不干涸，为大众的付出、给予，就是把自己的心力、愿力融入佛法的大海。苦海无边，回头是岸。个体生命在茫茫的轮回苦海中恰似一叶小舟，佛法慈悲度人，就是为小舟安装指南针，明确生命的方向，最终穿越风浪，平安靠岸。”

董群教授也告诉我:“寺庙里有观音菩萨像,观音菩萨又称为海岛观音。有些寺庙观音菩萨像的背后或脚下就画有海水。”

听了他们的阐释，我更多了解到海水与佛教的关系。清凉寺寺壁绘有海水图，正是说明南唐皇家寺院的清凉寺是慈悲度人、普度众生的清凉大道场。

我生平第一次见到海，还是年轻求学的时候。当时到了海边，就想到“精卫填海”的故事。远古人们生活在黄土高坡，没见过海，古人填海的精神是可敬可嘉的，但是海洋太广阔了，怎能把海填平呢。当我第一次站在海边沙滩上，情不自禁地高声朗诵了那著名的诗句:“大海，自由的元素！”

人老了，阅历多了，特别是接触佛学后，对海水认知逐步深了。

寺院壁画

放眼去看，那浩瀚海水波涛广阔，分不清哪是波浪，哪是海水。水就是波，波就是水。水与波不可分，佛与众生也不可分啊，波与水是一体，佛与众生是一家。

进寺庙，曾经看到海岛观音(观音菩萨)像两边，有一副对联：

千手示人人不悟

一心念佛佛如来

人不悟的悟是“吾心”，而念佛的念是“今心”。观音有千手呈现给人们，但你如果不用自己的心，就不能觉悟；只有观照自心才能明心，才能找回自己的如来本性。

观音有千手，表示佛的大悲心，法力无边，护佑众生。我们每人只有一双手，但如果尽心所能，时时帮助需要帮助的人，你不也就是观音了吗！众生皆有佛性，人人都具善根。

大海的秉性是最谦卑的。正因为如此，江河湖水才能流向海洋。

人同样如此，只有谦卑，才能获得更多的知识，习得更好的修养。

茶叙时，谈到寺院壁画海水图，聆听到理海师父、董群教授的阐释，让我知道得更多，由此也引发我一些联想，行文记之。

四、期盼早日饮甘泉

掘井取水自古就是金陵重要的取水方式之一。清末,市内水井达5000余口，至今已不足200口了。现存较早的有三国东吴时的乌衣井(乌衣巷)，东晋时的甘露井(雨花台)，南朝梁时的应潮井(紫金山)等。

南京何以有这么多井？这与金陵的人文历史有关。金陵的巷多寺多,“有巷必有井”“有寺必有井”。至今还有双井巷、铜井巷、金沙井、杨公井等地名。“南朝四百八十寺，多少楼台烟雨中”，历代金陵寺院何止480口水井！金陵各寺院的水井，最有名气的要数城西清凉寺的还阳井。

还阳井开掘年代较早。此井开掘于南唐保大三年(945年)，由当时石城清凉禅寺僧人广慧开凿。南唐中主李璟称赞僧人的举动，称此井为“义井”,后人称之“南唐义井”。清代时，最初凿制于井圈僧人刻上的铭文还存，清代文献记载“在清凉寺七里铺，有僧广慧刻字之井”。

还阳井的水功能特异。这口井水源丰沛，即使逢旱年亦未见枯竭，是清凉寺僧人、信众日常用水的主要来源。相传常饮此井水“鬓发不变”“皆无白发”，所以被称为“还阳井”。这是因为过去清凉山生长较多的何首乌，何首乌的汁液透过根系渗透到土中，汇聚到井里,使得井水有了何首乌的功效,人喝了头发自然黑了。

还阳井的人文故事很多。南唐时，清凉寺为皇家寺院。后主李煜曾经在清凉寺内建造了一座避暑行宫，行宫的用水便取自于这口井。他与小周后在此避暑、品茶、听乐、作词，吟唱出“春花秋月何时了，往事知多少”等词句。明末清初“金陵八家”之首的画家龚贤常登临扫叶楼，与僧人一起用此井水沏茶，谈文论禅。1924年，著名文人徐志摩、林徽因陪同印度大诗人泰戈尔来这里游览，寺僧也

南唐还阳井

是用此井水沏茶招待他们。1958年，赵朴初先生及著名书法家高二适来到扫叶楼，宗诚师太为他们用此井水煮了二角二分钱一大碗的麻油素面。赵朴初先生品尝后连声称赞：“味道真好，比上海玉佛寺的斋面还可口。”

千年如梭，还阳井水还存，井名仍在。这口井的水滋润了历代清凉寺僧和香客，留下了许多历史故事和传说，演绎了太多的千古绝唱。

这口斑驳的古井，伴随的是清凉寺的兴衰，记录的是清凉寺的历史厚重。

有一种厚重叫感动，有一份沧桑让人留恋。任凭历史在古老的还阳井沿上打磨，在幽深的井水中回荡，它并不孤独。

1982年，东南大学建筑研究所对还阳井进行了疏导，设计并建造了井亭，书法家萧娴为之书写了“还阳泉”匾额。这口井也成了清凉山风景区的重要景点。

1986年，南京医学院科研人员对还阳井水进行了化验。该井井口不足三尺，井深四丈有余。经检测，该井水水质优良，含有20多种微量元素，其中“锶”的含量丰富，是优质保健饮水。同时还测定此井每小时出水量达15吨。只要对井进行疏导，把井中杂物腐草清除，即可使用。

2009年，清凉寺恢复开放后，理海师父即请南京市环保部门科技人员，再次对此井水做检测，提供了详细的检测报告。认定此井水质优良，只要进行清理后即可以使用。

这口古井默默地注视着清凉寺的变化。当今，以清凉寺及这口古井为中心的石头城大遗址公园建设即将启动。

清凉寺恢复开放以来，寺院的素斋在信众中很有影响，禅茶文化活动开展得也较有特色。还阳井是清凉山名胜中的名泉，更是清凉古寺中的名泉。开发这口古井，应是中兴法眼祖庭清凉寺的一项得天独厚的资源。

利用好它，可让这口千年古井在新时期绽放出新的光彩，清凉寺文化也将绽放出更智慧的风采。

僧众何时饮甘泉？

人们盼望着，期待着。

五、别是一般滋味在心头

从清凉寺后面的山路攀登，即可至山顶。山顶海拔仅63.7米，但却是清凉山的最高处。历史上这里曾建有翠微亭，是南京城西观景的最佳处。向东南可远眺都市的宫阙街巷，向西北望去长江历历在目。宋代有人评之:“翠微之景，实甲于天下。”

秋日的下午，来了十多位佳丽茶友，茶禅院在这里举办秋日茶会。天高云淡，山中微凉。草木拥翠，银杏叶开始泛黄。

茶席布好，茶友们围席而坐，品尝的是老白茶。茶艺师泡茶，大家凝神屏气，看那白茶在杯中上下飘浮。开汤，幽细绵长。喝了三泡，还是醇活清甘。五泡后，依旧药香久留。

茶好，大家兴致也高，争相拍摄留影。有的边喝边聊，任思绪随微风飘荡。茶助人兴，随和、惬意，充满大自然的清新和人间的温馨。

茶禅院的茶艺师真会选择茶会的地点。这里树高风轻，空气清新，茶友们于静谧中观入水茶叶的沉浮，嗅茶味的醇香，赏茶色的澄明，听山下寺钟的幽微，身心沉浸于娴雅梵音之中，一派恬静的禅境。

我喝了五泡老白茶，想到了此茶的产地福建。白茶，在宋代《东溪试茶录》中即有记载，那时的白茶称白叶茶，还属蒸青绿茶。东溪，即从今福建的松溪县，流经政和，在建瓯县汇入建溪的一条溪流。从南唐起，北苑贡茶正产于这一流域。南唐中主、后主都曾赐北苑贡茶给清凉寺僧人。

我与茶友交谈了历史上白茶的产地，又指着不远处的翠微亭遗址，告诉茶友：南唐后主李煜曾在山顶建亭，名翠微亭。李煜特别痴迷这里的旖旎风光，与小周后在这里避暑、品茶，小周后还弹琵琶给李煜听。每一次登临，都让李煜忘却了帝王的烦恼，吟诵出不少优美的词篇。

听了我讲历史上李后主的故事，一位茶友情不自禁地吟诵出了李煜的词《虞美人》：“春花秋月何时了？往事知多少。小楼昨夜又东风，故国不堪回首月明中。 雕栏玉砌应犹在，只是朱颜改。问君能有几多愁？恰似一江春水向东流。”音刚落，另一位茶友也吟诵道：“剪不断，理还乱，是离愁。别是一般滋味在心头。”这是李煜《乌夜啼》词里的句子。茶友们背诵得那么熟，说明人们都很喜爱读李煜的词。

作为亡国的君主，李煜是一个悲剧性的人物。978年七夕这天，正是他42岁的生日，却中毒而驾鹤西去。但江南父老没有忘记他：“殂向至江南，父老有巷哭者。”他在百姓中声望是高的。

李煜不是合格的一国君主，但他是位了不起的词人。也正由于有了李后主的词，虽然南唐只有39年的历史，但千古悠悠，词韵辉煌，不见凄沧，唯见光芒。

南唐灭亡后，因为李煜曾经的垂青，清凉山遂成为无数文人来此垂吊的胜地。一个朝代的逝去，在清凉山留给后人的，既有清凉古寺、还阳井，还有在这里发生的故事，在这里留下的凄恻动人的不朽辞章，仿佛都在沧海桑田的历史中诉说着曾经的良辰美景，曾经的悲思愁绪。

明代《金陵十八景图》之石头城

南宋时，翠微亭曾复建，扩建成二十四楹的四面亭，后被毁。清代乾隆皇帝六下江南，三度游历清凉寺，也曾登上山顶，命官员复建翠微亭。亭中树了一块碑，碑心刊刻乾隆皇帝游翠微亭遗址时写的诗。二十世纪五六十年代，还存一简易的凉亭，但“文革”中又被毁。

李煜画像

翠微亭历经沧桑。新中国成立后，南京知名词曲家卢前，著名词学家唐圭璋先后提议在这里建“词皇阁”，复建“翠微亭”但都没有声息。现在，规划中的石头城大遗址公园，将在这里新建“清凉阁”。这个讯息应是对卢前、唐圭璋两位乡贤的最好告慰。

这一场秋日茶会，有好茶，有雅景，品味了茶香，也回味了历史。对这里的悠悠历史，茶友们有赞赏，也有悲叹；有感慨，也有些许伤感，“别是一般滋味在心头”。但是大家也有期望，期盼“清凉阁”建好后，能登上楼头再来举办茶会。

茶禅院的茶艺师沉思片刻，对大家说：“下次在清凉阁的茶会，最好的日子是七夕那天，是李煜的生日又是祭日。那天，我带上一本《李煜词集》放置茶席上。茶就选用红茶，因为红茶在生命的凋萎和熏陶过程中，把天地的灵韵转换为自己的灵气，将一切美好融入茶里，弥漫出诱人的香气，正像李煜词散发的芬芳，受到人们的喜爱。”

大家听了茶艺师的建议，纷纷赞扬她的才学知识，都很赞同她的想法。

期待那秀美的“翠微”景色再次重现。

盼望“清凉阁”建成后，于七夕那天，在此泡茶的美好时光！

上清凉山，有一路的风景。在秋日茶会上，我看到最佳的风景印在了茶友充满笑意的脸上，留在了她们的心上。

六、清凉寺是王安石迎送朋友的接待地

北宋时，曾任宰相的王安石晚年隐居金陵。半山园是他的住所，钟山定林寺是他的读书处，清凉寺则是他迎来送往朋友的接待、休憩之地。这缘于清凉山下秦淮河的石头津是进出金陵最主要码头，清凉寺环境清静，住持是他好友。

王安石从钟山到清凉山，有时骑马，有时骑驴。马是宋神宗赐予的，驴是自己买的。

纵情山林，寻山问水是王安石一生的喜好。他喜爱清凉山自然人文风景，年年都要来这里，甚至睡梦中还念叨：头发白了，趁还走得动，要多去看看。他写道："青灯照我梦城西，坐上传觞把菊枝。忽忽觉来头更白，隔墙闻语趁朝时。"他登清凉山顶远眺，写下了著名的词《桂枝香·金陵怀古》，其中云："登临送目，正故国晚秋，天气初肃。千里澄江似练，翠峰如簇。"

王安石是一个至情至性的人，与朋友相往来，是他晚年生活的重要内容。他与朋友道义相交，视之为知己，引之为同道，待之如手足。王安石与好友黄吉甫相别，曾写《送黄吉甫入京题清凉寺壁》《送黄吉甫将赴南康官归全溪三首》两首诗相送。他写道：

熏风洲渚荠花繁，
看上征鞍立寺门。
投老难堪与公别，
倚岗从此望回辕。

岁晚相逢喜且悲，
莫占风日恨归迟。
我如逆旅当还客，
后会有无何得知。

王安石画像

与朋友相别，何时才能再相见呢，王安石发出了“后会有无何得知”的感叹。他在清凉寺山门口看到黄吉甫骑上马即将离别，“难堪与公别”，不忍心与友人分别，盼望好友能早日归来，“倚岗从此望回辕”，他要在清凉山岗等候黄吉甫好友早日回来啊。

王安石在清凉寺写有十多首诗，其题目有《清凉寺白云庵》《与天鹭宿清凉寺》《送天鹭至渡口》《送黄吉甫入京题清凉寺壁》《清凉寺送王彦鲁》等。从诗题看出，王安石在清凉寺接待朋友，晚上与朋友住宿于此，还随心意把诗题写在寺院墙壁上，这都反映了他与朋友的友情，与清凉寺寺僧交往密切和对寺院的深厚感情。

王安石晚年对佛教虔诚信仰，结交高僧，为《金刚经》作注，吟诗参禅，这些成了他寂寞生涯的一种抚慰。他写清凉寺是：

庵云作顶峭无邻，
衣月为衿静称身。
木落岗峦因自献，
水归洲渚得横陈。

白云飘浮在寺院上空，寺庙与山峭为邻，山上树林与寺庙做伴，一条河在不远处流过，清凉寺多么清静，真是出家为僧的好地方啊。王安石羡慕僧人隐居山林念佛坐禅的生活。

王安石从秦淮河码头接到外地朋友后，即安排到清凉寺来，与寺僧、朋友一起茶叙，听住持说佛论禅。王安石深有感悟，他在《清凉寺送王彦鲁》中写道：

空怀谁与论？梦境偶相值。

莫将漱流齿，欲挂功名事。

人世间聚散不定，至亲不能长相守，好友不能常相见。王安石写“空怀”“梦境”，悟出万事皆空，诸缘如梦，不可有执着。是身是幻，至亲挚友是这样，“功名”也是如此，世间一切皆无可留恋。这首诗反映了王安石坦然的心理。与这位朋友临别时，他在《送王彦鲁》中写道：

北客怜同姓，南流感似人。

相分岂相忘，临路更情亲。

同为姓王的一对好友要分别了，怎么会相忘呢，我们已结下深情厚谊，分别的路上，没有了伤感，有的是乐观的情绪。王安石以达观心态看待别离，铺演了一种新的意境，这或许与他访僧习禅，将禅宗精神应用于别离之际不无关系。

王安石是爱茶之人，在任宰相时就说过“茶为之民用，等于米盐，不可一日以无”。他隐退金陵，身体有病，宋神宗没有忘记他，常赐给他中药及北苑茶。他接待来客，用皇帝赐予的北苑茶与客人品茶谈禅。他曾写道：“与客东来欲试茶，倦投松石坐攲斜”，“深寻石路仍有栗，持以馈我因烹茶”。他还将北苑茶寄给远在洛阳的弟弟，并附诗：“石城试水宜频啜，金谷看花莫漫煎。”诗里写“石城试水”，很可能他在清凉寺与寺僧品茶论禅时，有过用石头城下水沏泡北苑茶之事。

王安石嗜茶，不爱喝酒，但在清凉山却留有一个饮酒趣事。有一次，他与郑侠在清凉寺相遇。郑侠年幼家贫，少时苦读，才学长进，王安石推荐其做官，但后来郑侠成了王安石政见上的死敌。郑侠因罪被外放，后也回到金陵。两人相

清代《上元县图志》中的清凉寺

见，王安石不计前嫌，郑侠也尊重王安石，相见喝酒，不便在清凉寺，就到一农户家。王安石不善酒，多饮了几口，说：

酒逢知己千杯少

郑侠也悟出此意，回道：

话不投机半句多

这个被后人常用的对联即出于此，成了人们评判情感的一个佐证。

七、苏轼携子到清凉寺供奉阿弥陀像

苏轼，号东坡居士，宋代杰出名人。

苏轼与清凉寺的佛缘，要从他的妻子说起。他第一任妻子王弗病故后，娶王闰之为妻。王闰之知书达理、崇佛。他曾对苏轼说："如果我有一天死了，你要用家中的钱请人绘阿弥陀像，供奉到金陵清凉寺去。"

1092年8月1日，与苏轼共同生活25年后，王闰之不幸病逝，享年46岁。如果第一位妻子陪伴苏轼的都是青少年时光，而王闰之与他渡过的则是整个中年时期的患难时光。苏轼失去王闰之，十分悲痛，诗道："空对亲眷老孟光"，孟光是汉代人"举案齐眉"的妻子，苏轼用"老孟光"赞扬妻子，也展现恩爱情深。他还写了《祭亡妻同安郡君》。王闰之死后百日，苏轼请人画了十张罗汉像，设水陆道场，请僧人诵经超度往生乐土，将罗汉像烧化给亡灵。

1094年，苏轼被任河北定县知州，但还没来得及上任，就被贬到广东惠州安置。苏轼请当时著名工笔白描画家李公麟绘阿弥陀像。在贬谪去惠州途中，苏轼带上阿弥陀像，并携三个儿子来到金陵。

6月9日，清凉寺迎来了这位不寻常的贵宾苏轼。他第一次来到清凉寺就与住持和长老结下了不解之缘，两人一见如故，相见恨晚。和长老是一位有较高文化素养，在众僧中享有很高威望的大和尚。苏轼向和长老讲了来此供养阿弥陀像的缘由，和长老即做了妥善安排。和长老为之诵经，苏轼专门题写了《清凉寺阿弥陀佛赞》：

苏轼之妻王氏，名闰之，字季章，年四十六。元祐八年八月一日，卒于京师。归终之夕，遗言舍所受用使其子迈、迨、过，为画阿弥陀像。绍圣元年六月九日，像成，奉安于金陵清凉寺。赞曰：……

苏轼画像

苏轼精心撰写的《赞》，称颂了“口诵南无阿弥陀，如日出地万国晓”，赞扬了其妻“何况自舍所受用，画此圆满天日表”，倾注了对佛的崇敬，对妻的缅怀。

苏轼受到和长老热情接待，并顺利完成了其妻奉安阿弥陀像的心愿，三个儿子更深地感受到母亲的恩泽。苏轼在与和长老说佛谈禅中，也得到领悟。他写了《赠清凉寺和长老》：

代北初辞没马尘，
江南来见卧云人。
问禅不契前三语，
施佛空留丈六身。
老去山林徒梦想，
雨余钟鼓自清新。
会须一洗黄茅瘴，
未用深藏白氎巾。

苏轼称和长老为“卧云人”，即是远离尘世的长老。用“前三语”的典故，是将和长老比作“文殊”。苏轼感叹自己不能很好领悟长老的禅语，现在用家里钱绘成佛像，安奉寺里，但我若还不明禅理，那只是“空留”啊。他决心要深入学佛理，当南方茅草枯黄，有机会从岭南北归时，要再来清凉寺拜问长老。

苏轼在诗中流露了累遭贬谪、倦于仕途之意。但心中又很矛盾，所以说“老去山林徒梦想”，归隐还只是梦想。此时心绪万端，无可排遣。

1101年5月1日，苏轼又一次来到清凉寺，再次见到和长老，非常高兴，题写《次旧韵赠清凉长老》：

过淮入洛地多尘，
举扇西风欲污人。
但怪云山不改色，
岂知江月解分身。
安心有道年颜少，
遇物无情句法新。
送我长芦舟一叶，
笑看雪浪满衣巾。

苏轼指出当时政权的腐朽、奸险就像那“多尘”“污人”，而他与和长老再度相谈，禅理认识深了。“分身”“安心”“无情”都为佛家语，体现了他进取、正直、慈悲与旷达的心态。他欣喜地对和长老说：当年达摩用一根芦苇渡江，传播禅法，现在长老的教诲，就像给了我“长芦舟一叶”，使之“笑看雪浪满衣巾”。幽默地表现了他的情趣，显示了他豪迈的气概。

一生尝尽坎坷的苏轼在生命的最后时段才得以重回中原，除了喜悦的心情，“安心”“无情”都透露出他在佛禅影响下，此时的心境已是格外淡泊、超脱，因其无住于物而显示出别样的豪迈。

北宋画家李公麟绘佛像

说到苏轼与茶，那是要用长文、大文章写才行。茶在苏轼的人生中，是一位形影不离而又安静契合的伴侣。他精于烹茶、品茶，擅长种茶，功于茶史、茶道，甚至于茶具、烹茶用水和煮茶之火也颇有研究。他写与茶有关诗词有近80首，以茶喻人，以茶会友，以茶养生遣情怀，反映自适的旷达生活。他年少得志意气飞扬，后半辈子久经风波看淡生死，于烹茶中亦到达自然隽永、超然物化的境界。

说他一件茶事吧：故人千里迢迢寄来上等好茶，被不谙茶道的妻儿按照北方的习惯"一半已入姜盐煎"，苏轼不以为意，说"人生所遇无不可，南北嗜好知谁贤"。这一句，淡泊宁静，意味深长，真是关于茶道的最本质精炼的概括。

八、陆游在清凉寺得到“德庆堂”石刻拓本

陆游，号放翁，南宋著名诗人。陆游三次来金陵。第二次游历金陵时，到了清凉寺。

1170年他出任四川奉节通判，乘船在长江上，过了龙湾(下关三汊河)时，看到清凉山一带胜景，他写道：

过龙湾，浪涌如山。望石头山不甚高，然峭立江中，缭绕如垣墙，凡舟皆由此下至建康。故江左有变，必先固守石头，真控扼要地。

他在石头城水码头上岸，先游历了凤凰台、天庆观(朝天宫)等地，经汉西门，徒步上清凉山，到清凉寺。

清凉寺宝余禅师热情接待他，围炉品茗茶话，一起过堂用斋。

寺院曾毁于兵火，那时已没有北宋初的庄严气象，但经宝余禅师精心打理，清凉寺旧观还依稀可见。

陆游随宝余禅师游览整个寺院，宝余禅师告诉他法堂前面西侧就是李后主的“德庆堂”，虽已毁掉了，但李后主写的堂名石刻还在。另外，南唐中主李璟为纪念悟空禅师写的碑文也存了下来。陆游听了介绍并看了实物非常激动，向禅师问了一些南唐当年的史事。

宝余禅师又陪陆游登上石头城游览。陆游感慨这里真是形胜之地，他想到曾上书建议朝廷定都建康，以完成北伐中原救国大业，但遭到南宋朝廷否定，倡议成了泡影。

宝余禅师知道陆游的人品和诗才，从石头城下来回到寺里，送给陆游一张曾为李煜书写的“德庆堂”榜的墨本。此是李后主当年用撮襟书(帛卷起来写字)书写的。

这次清凉寺游历，对陆游后半生影响很大。一是不忘倡

议迁都之事。他55岁再次来金陵，登赏心亭，他还感叹“孤臣老抱忧时意，欲请迁都涕已流”。二是增强了他进一步关注南唐史事，特别是李后主与小周后在清凉寺避暑宫、翠微亭的活动与创作，陆游更有兴趣。陆游于晚年以史家笔调写成《南唐书》，在我国历史著作中有重要地位。

陆游86岁高龄才辞世，在“人生七十古来稀”的古代是很了不起的高寿了。这与他坐禅、素食、饮茶有密切关系。他写道：

读书虽所乐，置之固亦佳。
烧香袖手坐，自足纾幽怀。
我生本从人，岂愿终不谐。
其如定命何，生死一茆斋。

读书是快乐的，但偶尔放下书，让头脑清闲一下，也很快乐。闲暇时，点一炷香，盘腿坐禅，原本忧郁的心情得到舒缓。活在世上，一定要通过学佛来保持清净人身。把握命运的方法之一，就是吃素。“茆”，是指江南人爱吃的莼菜。

陆游画像

陆游爱茶成癖，活到老，喝到老。在他的生活中，他对诗和茶格外钟情，一生写诗九千余首，有关茶的诗就有330多首，为历代咏茶诗人之冠。83岁时，他在一首诗中写道：

石帆山下白头人，
八十三岁见早春。

桑苎家风君勿笑，
他年犹得作茶神。

他希望自己将来同陆羽一样，被人尊为茶神。后人评价他，“陆游以300多首茶诗，已经续写了《茶经》。”晚年他还写《啜茶示儿辈》：

围坐团栾且勿哗，
饭后共举此瓯茶。
粗知道义死无憾，
已迫耄期生有涯。

陆游晚年饮茶已经将喝茶和淡泊名利、舍生取义的精神联系一起，完全进入了一个新的境界。有了淡泊的心情，坚持长期素食，又得益于饮茶，陆游健康长寿。

清代画家石涛绘《清凉台》

九、探究“清凉”

今年夏天来得早。

夏日第一天,“清凉茶会”在清凉寺举办。这天阳光强烈、最高气温三十摄氏度，但参会的人并没感到热浪滚滚，而是说:“这里真清凉，在这里品茶适地适时”。

吃茶人的感受引发了我探究“清凉”之意的兴趣。

清凉山绿树成荫，草木葱茏，是南京城西极幽静的所在。

清凉山原名石头山。南唐时，先主建“石城清凉禅寺”，中主更名为“清凉院”，后主又改名为“清凉大道场”。北宋初年，改称之“清凉广惠禅寺”。南唐三任君主都重视这座寺庙，北宋几代帝王也都为这座寺庙赐御书，他们多次更改寺名，但都不离“清凉”二字。

“清凉”的名声太响了。清凉寺建在石头山，山随寺名，石头山渐渐被叫成了清凉山。因此，先有清凉寺名，后才有了清凉山名。

“清凉”，是佛教中经常出现的一个用词，充盈着佛理禅意。它既说周围环境，更指内心世界，一语双关道出了一种境界。

《帝释所问经》中说:“思念于清凉,如渴人思水。”说的是当人的内心思想烦乱时对清净凉爽的渴求就像口渴时想喝水一样。《频婆娑罗王经》中说：“即此苦边是真寂灭，是得清凉，是谓究竟”。这里把清凉的内心看作是一种修行的最高境界。正于此，甚至有人将佛法称为清凉法。《大般若经》有云：“如人夏热，遇水清凉;热恼有情,得闻如是甚深般若波罗蜜多，必获清凉，离诸热恼。”

弘一师父(李叔同)
书法《无上清凉》

佛经中还说，文殊乃七佛之师，作菩萨母。从昔以来，现身尘刹，常住清凉，救苦度生。因此，称作清凉的山，被视为是修道、祈福的圣灵之山。民众于此可殄障而消灾，尘消而慧明。

佛经的教诲让我们知道，历代高僧及一些帝王君主把山称之为“清凉”，不只是指山中气候之清凉为人所欣赏，更重要的是，这里弘法利生的寺院能使奔竟于红尘之中的浮躁人心清凉下来。

人们熟知的佛学大师弘一(俗姓李，字叔同)曾多次书写“无上清凉”题词，他还创作了《清凉歌》，对“清凉”作了深刻地阐释。

弘一的一生是传奇的一生，从烟柳繁华走向朴素如水，从绚丽绚烂走向自然平淡，从滚滚红尘走向佛门净地。出家前，李叔同于1915年受邀来南京，兼任高等师范学校(中央大学前身)图画音乐教员。那时，他一个月来南京两次授课。课余喜欢到鸡鸣寺、清凉寺。他还联络了金石书画界同好，共同切磋交流，组织成立“宁社”。社友每当有新作，即上扫叶楼陈列展示。寺院寄龛和尚积极协助，有时还取出收藏的龚贤书画，与他们一起鉴赏交流。李叔同在南京喜欢上了素食，他朋友诗道：“宁社恣尝蔬笋味，当年已接佛陀光。”1918年，李叔同辞去了南京学校的任课，7月1日入山，8月19日披剃出家。

1931年弘一大师创作了《清凉歌》，歌词中用“清凉月”“清凉风”“清凉水”，对人之身心所起的作用，表现出了在这般环境中获得的物我两忘，无物无心，肝胆天地，与宇宙万有融化一体的境界。弘一大师写道：今唱清凉歌，“心地光明一笑呵”“热恼消除万物和”“身心无垢乐如何”。人们在凉风清月、澄潭碧水的清凉幽境里，净化人心，得到精神上的快乐。

至今，全国各地以“清凉寺”为名的佛寺有数十个。金陵清凉寺以其背靠三国时孙权就在石头山创业历史之悠长，饱含像南唐李后主在此建避暑宫等人文底蕴之深厚，文益禅师在此创建禅宗最后宗派法眼宗、弘传清凉禅风所做贡献之宏大，更显其鲜明特色。人们来到这里，不论是气候感受，还是心理体验，都会留下“清凉”的深刻印象。

当今世上，外在环境中不乏清凉境界，可是清凉之人少见，清凉之心少见。“天下熙熙，皆为名来；天下攘攘，皆为利往”。名缰利锁，几人能脱？

俗话说：“心静自然凉。”拥有一颗清净心，是做人的一种境界，又是一种超常的洒脱；是参禅之人的追求所向，又是悟禅之人的超然领略。拥有一颗清净心，关键还是在于自己。只有洗掉心灵的污垢，才能拥有一颗清净的心。

清代著名文人袁枚，有一次在清凉山麓自家的“随园”与朋友饮茶，静听清凉钟声，他诗道：

君知读罢定清渴，
更惠茶葬青丝笼。
笑煮新泉试七碗，
摇扇坐听清凉钟。

“清凉寺的钟声”是有来头的。至今，每天寺僧早晚课诵都会敲击“清凉钟”。这钟声在山中回旋后漾向远方，给人们带来清凉与宁静。

何谓“清凉”，心地如何才能“清凉”？这是人们一生都要去探究的。人们不妨常到清凉寺去，“笑煮清泉试七碗，摇扇坐听清凉钟”，向寺僧问禅，听清凉钟声，在一杯杯禅茶中，思考、体悟清凉人生。

清末画家陈作仪绘《清凉山》

十、盛夏酷暑，此处最清凉

热在三伏。

再有两天，七月二十二日是大暑，又是进入中伏之日，为一年中最热的时候。

赤日炎炎，暑气逼人，何处寻觅纳凉消夏的好去处？

上清凉山，到清凉寺去，这里静谧而安宁，的确不失为一个清凉世界。

这里山名为清凉，寺名为清凉，旧有清凉台，南唐后主曾在此建清凉避暑宫，今还有一泓清凉的还阳泉。听听这些带有“清凉”的名称，心里就会有些许清凉之感。

此处所以“清凉”，因为这里环境清幽，还有清饮热茶，清淡素食，更有令人心气清静的道场。

环境清幽。这里古木森森，嘉竹修篁，花草莹润，石汲古痕。清代作家吴敬梓说“清凉山是城西极幽静的所在”，称这里是“城市山林”。现代朱自清先生说“这里是滴绿的山环抱着”，“夏天去确有一股清凉味”。

热茶清饮。清凉寺设有茶台，每天都有茶布施大众。入夏以来，为大众泡有绿茶，茶水是热的，免费服务。夏日喝热茶是简便易行的降暑良方。夏季阳光浮散于外，人体内虚寒，喝热茶，能够为人体提供充足能量，刺激毛细血管普遍舒张，更好地排汗散热。

素食清淡。清凉寺每天中午有素斋与大众结缘。夏季炎热，更应吃清淡、易消化、富含维生素的素食。清淡素食可以消热、防暑、敛汗、补液，还能增进食欲。

清代画家石涛笔下的石城山水

心气清静。盛夏酷暑蒸灼，人易感到困倦烦躁和闷热不安，因此首先要使自己的思想平静下来，神清气静，防止心火内生，以达“心静自然凉”之目的。

做到“心静自然凉”，是一种积极的人生境界。

清凉寺僧人在寮房常常安静自如的盘腿参禅。寺院在重建中，寮房还只是简易的木板屋，房内并不凉爽，但寺僧心无杂念，心如止水，他们坐禅时总感觉有清风徐徐吹来，凉爽之意顿生。

尽管是热浪滚滚的伏天里，幽静的清凉寺，没有俗世间杂念烦事的羁绊，人们能常见到法师清谈佛学玄理，能常听到僧人与居士诵经及钟磬之声的悠扬，使人感受到这里有一股股凉爽的气息。

唐代诗人白居易在一首诗中，曾称赞禅师达到的心静自然凉的境界：

人人避暑走如狂，独有禅师不出房。

可是禅房无热到，但能心静即身凉。

我们何不妨学学他们：于闹中取静，于俗中超脱，于喧嚣中寻一份平静，守一份淡然于心。如此了，何愁得不到片刻清凉？

盛夏酷暑中，做到清凉于心，带给自己的就会是一抹恬淡的绿，就是享受那生命淡然如水的清静时光。

盛夏之时，上清凉寺去！

携一缕清凉入心，体会那“心静自然凉”的惬意舒适，悠闲自得的心静境界。

石头城

十一、佛门清净施

寺庙施茶，大体有两类：一类是常年永久性的，施茶地点固定，通常在寺庙前廊一侧设置茶台，或在交通要道的路边建造茶亭。另一类是法会、庙会期间，临时性的设置茶棚或茶摊。

旧时，南京南郊、西郊的大道旁都建有茶亭，知名的有大士茶亭等。

明朝初年，一部分士兵解甲归田当了农民，来到长江南岸的江东门外和沙洲圩。这些人利用江河湖塘种菜捕鱼，后来这里的菱角、茭瓜、藕、莲蓬、鸡头果、芋头、慈姑、茭儿菜等很有名气，被称为“水八鲜”。每年夏秋之际，农民挑担徒步将水八鲜送到水西门集市去卖，途中要在大士茶亭这块有树荫的地方换肩歇脚。

大士茶亭原先无名，离这里不远处有一座观音大士庙，庙里和尚耳闻水八鲜盛名，见挑担歇肩的农民汗流浃背，口干舌燥地在此栖息。他们顿生建亭供茶之念，做功德和修为。不久由庙里和尚出资兴建的茶亭落成在农民经常歇脚的地方。

该亭四柱顶立、无墙、茅草铺成的亭顶。亭内摆有石桌石凳，还备有瓦钵凉茶供农民饮用。农民感激和尚的慈悲心，便将这座茶亭以“大士”号名称呼。后来有人在亭旁竖立碑石，上刻“大士茶亭”四个大字，为城西一方醒目的地名标志。

数百年来，屹立在路旁的茶亭，路人至此劳累可以小憩，风雨可以暂避，日夕可以安歇，焦渴可以茶饮，为民众带来温馨。此亭在战火中被毁，后来不断拓路，没有了踪迹，现仅存其地名了。

清代、民国时，清凉山地藏会的施茶台及茶棚很有名气。每年农历七月三十日，是金地藏圆寂和成道的日子。清凉寺、小九华寺等寺庙有“盂兰盆会”“水陆法会”“打地藏七”等佛事活动，还将清凉山间各小庵的佛像汇集到小九华寺，称为“朝山进香”。清凉山地藏会一般是在农历七月二十八开山门，清凉山上旗幡飘扬，山道上人挤如蚁，香客云集。

清凉寺、小九华寺等各个寺庙的僧人在寺院山门外设置施茶台。施茶的炊具，主要是紫铜大茶壶，烧沸水后，将开水倒入小水缸，缸内有用布袋包好的茶叶，茶汁泡出后，用葫芦瓢勺打水，那时没有茶杯，但备有斜切的竹筒，放置桌上，供香客饮茶时使用。

见寺庙僧人摆放施茶台，一些信众也沿山道旁搭起了大小不一的茶棚，提供茶水以供香客解渴。有些商贩也参与搭茶棚，还精心作了装饰。茶棚内张挂灯彩，上悬地藏

清代画家龚贤笔下的金陵山色

王菩萨像，旁列十殿阎罗像，茶棚内放有各种香烛及木、竹小玩具，清凉山土特产，提供香客游人欣赏或选购。这些茶棚从城南的大中桥一直摆到清凉山下，延伸七八里，十分壮观。史籍载："七月十五日，清凉山有庙会，沿途茶寮密布，高悬灯彩，供应香客，结欢喜缘。"二十世纪五十年代初，清凉山地藏会活动仍很兴盛。

历史上，清凉寺僧人在寺内还阳泉旁也设有茶台，以此泉饷客。自2009年6月20日清凉寺恢复以来，寺院依然坚持每天为香客、游人免费提供茶水，没有中断过。在流通处旁，放置着一个开水保温箱，还备有小茶杯。义工们经常配制应时的营养茶水供客。这天，路过流通处，又见到开水箱旁一块"清净调柔汤"的小告示，告诉人们茶水中的配方及其功效。

佛教讲慈悲为怀，济世度人。所谓"慈"，就是给予众生安详和喜悦；所谓"悲"，就是帮助众生减轻烦恼和痛苦。慈悲心是世界上最宽大的心。佛家怀有一颗普度众生的善心与慈悲心，令世人敬佩和效仿。

佛门清净施。一处小茶亭，或一个施茶台，看似普通，但那一杯杯暖心的茶水，却能普结善缘，广施大众。

佛说"大慈大悲，功德无量""一切众生，悉有佛性"。我们世人为何不能慈悲为怀，善行天下呢？它或许只是你生活的点滴，却能折射出人性耀眼的光芒。

十二、清凉素斋香

“今天你吃素了吗？”

近年来，素食成了一种时尚的生活方式，街头也出现了不少素菜馆，“新素食一族”成为饮食与营养、健康与时尚的新兴族群。

一位朋友对我说：“想加入到素食爱好者俱乐部。”

素食有寺院素食、宫廷素食和民间素食之分。宫廷素食、民间素食都是源于寺院素斋。我建议这位朋友先到寺庙去，了解寺院里寺僧、居士用斋。

一天，我们相约来到清凉寺，寺僧邀我们一起喝茶。品茶其间，一位师父讲了寺院素斋的事。

师父说：“素食是汉传佛教的戒律之一。从南朝梁代开始，已一千多年了。佛门食素，有戒律的原因，有修持的原因，也有保健、养生的原因。”

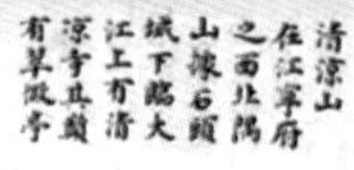

清代《南巡盛典》中的清凉山

师父还说：“出家人是完全素食，也就是净素，不仅不沾荤腥，葱、韭、蒜、兴渠、胡荽这五辛也不沾染，是以新鲜蔬菜、豆制品为主，以及水果、菇、笋、菌等。僧众吃饭的地方叫斋堂，斋就是清净的意思，也叫吃斋饭。吃饭不叫吃饭，叫过堂。斋堂也叫五观堂，观就是观想，就是过堂时心存五观。佛教讲慈悲，护生也好，放生也好，最好的方法是吃素。”

我们与师父边喝茶，边听讲，不觉间，已近中午时分。义工们把斋堂的两长条桌椅摆放整齐，盛好了饭菜的碗摆放在每个座位前，筷子横向贴放于碗的后面。长条桌的一头，放好一大桶烧好的素汤。

这时，小铜铃声伴着“阿弥陀佛”圣号传来，只见二十多位穿着海青的居士，排着整齐队伍边诵唱边缓慢地走向餐桌。

在桌前站好，她(他)们柔和轻快地诵唱后，坐下。在愉悦的心情及庄重的气氛中，开始用斋。每个人都平端着碗，托在手心中，不讲话，不发出声响。吃到最后，人人都是一只空碗，再打点汤，边喝汤，边刷碗，把空碗里的菜末油花就着汤水，全部喝下肚里。简简单单、干干净净，不随意把饭菜掉在桌上。

小铜铃声响起，她(他)们全体起立，念唱着“阿弥陀佛”圣号，排着整齐的队伍，走到大殿，礼佛、念诵《无量寿经》。小铜铃声似乎比用斋前更响亮悦耳，唱腔中还有着愉悦和感恩的情调。

我与朋友在斋堂也品味了素食。饭后，继续在师父的小茶台前喝茶。

我这位朋友对僧人、居士用斋前后的仪式很感新奇。师父告诉他：“斋前唱诵供养咒，斋后唱念结斋仪轨，一顿饭吃下来，需要完成这些仪式才算如法如律。因此在佛法之中，吃饭也是一种修行。”

这时，一位居士对我们说：“常素长寿。素食清淡，对人的肠胃没有什么负担，容易消化，对身体有益。素食清心，佛法要求清净口业，不图口味之乐，因此有莫言淡泊之中滋味少，不知淡泊之中滋味长的说法。素食营养丰富，有益健康。许多问题只是观念上的差异，并不是吃素就是营养不够。许多出家人年寿很高，耳聪目明，身轻意清，不就是最好说明吗！”

历史上，清凉寺的素斋就有盛名。清凉山盛产老北瓜（南瓜），寺僧在山坡上种植。老北瓜质肥厚，甜而糯，可煮可蒸可烧。僧人常用老北瓜与面粉一起夹疙瘩煮着吃。史籍载：有一次寺院里来了两位显客，举箸同尝食，以为佳品，一巨碗立尽。笑称：士大夫不可不尝此味。

清末民国时，这里的素面风味独绝，来此食者“予全食尽，诚美不甚言”。曾有人怀疑是否在素面里用了荤汤，寺院主厨星悟和尚说：“罪过，罪过，出家人那里有什么荤汤？”这里的素面之所以鲜香，是用笋尖和豆汁精心调制的。因为星悟和尚善于做素食，上海有人来请他，去协助开素菜馆子。南京文人和居士一些人，还专门去上海这家素菜馆品尝，果然还是南京清凉寺院素面那味道。

二十世纪五六十年代，清凉山扫叶楼善庆寺为尼姑庵，善制面的名声依然很响。素面入口有韧劲，汤汁鲜亮，素浇头更有诱人的美味，赵朴初等名人都来品尝过。

2009年6月20日清凉寺恢复后，义工们分小组，每个组每星期负责一天，自已购米面及菜蔬调味品等，烹制素食供养寺僧。同时，还坚持中午为信众、游客提供素食。如若人多，饭菜不够，会再下些面条供给众人。近十年来，斋堂组始终坚持，即使是春节、国庆等假日也没有中断一天，非常不容易，这在南京的寺庙中是很有特色的。

我这位朋友品尝了寺院素食后说：“这顿饭吃得真香，比家里的饭菜好吃，素食也能有这么可口的味道。”

是啊，这就像品的这杯茶，要体会茶的滋味，必须要自己亲自体验、亲自经历。而这平淡的水，添了几片茶叶，就成了茶；似水流年，平常的生活，若是有了一颗自觉、觉他的心，就会充满欢喜。

朋友对食素有了兴趣，我建议他：可以先从每周一坚持吃素开始，再养成每逢初一、十五食素的习惯，逐步适应。他赞同这个办法，以此去做素食的践行者，早日成为食素大家庭的一员。

寺院素斋以独特的素净、清香而见长，再加上有一定的仪规，更让人难忘。

走出寺院，我们又议论到寺庙里用斋的氛围。僧人用斋，一箪食，一瓢饮，不以物喜，不以己悲，平静、坦然、心诚;用斋时不讲话、不浪费一米一菜，在这种文化氛围中实现得是那么平淡、自觉、自然。再看看社会上的一些餐席，满桌的菜，狂喝酒，大声喧哗，甚至吵闹，餐后桌上菜肴的浪费更是令人痛心。

包括佛教文化在内的中华传统文化之间，应该有着千丝万缕的相通之处。奉行素食，也体现了乐善好施、仁义礼智信、天地人合一等儒释道传统文化价值观。

如果通过像佛门用斋这样的模式教导众人，从生活中细微的事做起，更好地传承落实中华传统文化，何尝不是一种好方法呢。

愿素食大行其道！

十三、茶之“六度”

理海师父在清凉寺弘法，秉承了一条理念：“物化的道场固然重要，建设每个人心中无形的道场更为重要。”

心的道场要清净，就要修行。

理海师父为寺僧、信众每年确定了一个修行重点。从2010年起的正信正行、广结善缘、自净其意、直下承担、凝心聚力、和合共进。勤修六度，到2017年的笑口常开，信众都不同程度地增进了佛理素养，坚定了佛教信仰。

2016年，理海师父为信众确定的修行重点是“勤修六度”。

理海师父说：

“六度，又名六波罗蜜，指布施、持戒、忍辱、精进、禅定、般若这六种法门。波罗蜜意译为到彼岸。修此六法可以从生死的此岸，度过烦恼的中流，到达涅槃的彼岸。”

理海师父还说：

“佛陀的教法皆是应机而说，对治各种烦恼、习气。如布施能度悭贪，持戒能度毁犯，忍辱能度嗔恚，精进能度懈怠，禅定能度散乱，般若能度愚痴。”

“修学六度，每个人的下手处不尽相同，各有因缘，但若如理修持，每一度都能涵括其余，圆满无缺，可谓六度齐备。”

从理海师父“勤修六度”，我想到了茶及茶的精神。

茶是天地间上品的灵物，拥有清洁纯净的特性，生于青山林间，接受日晒、雨淋、霜露的洗练，默修德行。茶没有因为孤单地长在山上，就失去它的节度，也不因为被人们采摘，就灰心泄气，而是依然发奋图强，不断冒出新芽，奉献生命。茶不因为揉捻、蒸炒，而失去它的芳香，经过高温的滚烫，热水冲泡，尽释其精华。

茶以其清新脱俗、高风亮节，成为世人修身养性的典范。正如一位禅师所说：

茶“遇水舍己，而成茶饮，是为布施；叶蕴茶香，犹如戒香，是为持戒；忍蒸炒酵，受挤压揉，是为忍辱；除懒去惰，醒神益思，是为精进；和敬清寂，茶味一如，是为禅定；行方便法，济人无数，是为智慧。”

禅师眼里的茶，和佛眼里的菩萨一样，在世间做着“布施、持戒、忍辱、精进、禅定、智慧”的事业。

在禅师眼里，茶并非只是日常一杯普通的茶，而是上升到精神层面的感知、感受，以及对人生的感悟。

人生如茶。人们饮茶时，既可以解渴，还可以从中品味生活的真义，生命的真谛。

无论世出世间，无论能否得道，修行学佛者都需要像茶那样，付出极大的勇气和艰辛，恪守“布施、持戒、忍辱、精进、禅定、智慧”之六度。

布施者一心向善，持戒者勇气非凡，忍辱者心底宽阔，精进者自觉好学，禅定者心静如水，智慧者悲智无比。

理海师父“勤修六度”的开示中，期望我们：“以自利利他的菩提心，于一切善法中勤勉不懈，践行六度，积累成佛的资粮。”

六度是修行必经之门，是觉悟必由进阶。我们每个人的心都是一块道场，千万不能让其荒芜。要“勤修六度”“践行六度”，积聚资粮，将自己心的道场洒扫清净。

清凉大道场

十四、茶的“布施”

学佛修行者欲发菩提心，行菩萨道，就必须“勤修六度”，即布施、持戒、忍辱、精进、禅定、智慧，也叫六波罗蜜。

布施，即给予，“布恩施惠”。布施有财布施、法布施、无畏布施。以自己的资财随方施与的，叫财布施；以佛法化导众生，使其因而得度者，叫法布施；救护众生苦难，予以精神慰藉，使其远离恐怖者，叫作无畏布施。

志愿者、义工以自己的劳动帮助别人，也是布施。布施可以对治悭贪。

茶是人们不可或缺的，是大地间上品的灵物。茶更是力行六波罗蜜的菩萨道行者，堪为世人师法、学习的榜样。

从“布施”来看，茶树长在山间，得天地日月精华，雨露阳光润泽，但又经受寒暑的煎熬，最终长出嫩绿的幼芽，奉献它生命的结晶让人采摘。茶所吸收的天地灵气、珍贵的营养成分，经过多重制茶程序的锻炼，化为清甘香醇的茶汤，供养一切有缘的众生，让人们获得健康和法喜。这是茶的一种无上的“布施”。

平常有人行布施时，总觉得自己是施者，而生起一种优越感，应该打破这种想法。《金刚经》说：“应无所住而生其心。”就是说不要为了希望别人报答；或满足自己的优越感；或为了其他的目的而去行布施。

我们要学习茶的精神，茶将其最精华的嫩叶供养出来，与所有饮茶者广结善缘。茶没有自利的心，没有要饮茶者报答什么。

清凉寺秋色

行布施，实际上是在播种福田，已经得到了回报，恰如在清凉山银杏谷你大叫一声，可能周围没有人听到，但你自己已听到了那悠远深长的空谷回音。

中国文字中有一个“舒”，是舍得的“舍”加上给予的“予”。有“舍”的心，再有“予”的行，就会有“舒”的果。人类一切美好的情感中爱最重要，不管哪种形式的布施，共同的本质是爱的给予。

“舒”字里的“予”，在古文中又有“我”的意思。也就是说，一个人能舍去自我，忘我而给予众生至爱，勤修布施，也就收获了心灵的财富，得到了真正的福报。

理海师父曾在《为别人就是为自己》开示中指出：“印度谚语：赠人玫瑰，手有余香。这告诉我们付出的同时会收获快乐，成就别人就是提升自己。”

茶给人类的布施皆是一碗水的平和。当我们将一杯茶喝到至淡无味时，茶也默默地结束了使命。我们要学习茶的精神、胸怀和气度，一心向善的行布施。

十五、茶的“持戒”

六度(六波罗蜜)的第二度是持戒。

持戒在佛法里非常重要，整个佛法的修行是戒定慧三学。在“三学”里，以戒为首，戒是根本，由戒生定，由定发慧，以达觉悟之境。

戒法是佛陀为弟子们在日常生活中制定的行为规范。初发心的佛弟子，应受持五戒，即不杀生、不偷盗、不邪淫、不妄语、不饮酒。持戒可以度毁犯，可以防止、禁绝各种恶业，获得解脱。

茶是人们日常生活中的饮料，茶在利益无数众生的同时，又以身作则的持守“五戒”。

茶是多年生常绿灌木，即使是乔木的大茶树，根深稳固，不像有些大树会倒下来压人，它不仅没有“杀气”，反而是让众生获得健康愉悦，所以它持守了“不杀戒”。

茶树长在山地，在贫瘠的山上，也能生长。即使在岩石缝中，也会奋发长成。茶安贫乐道，有“不偷盗”的功德。

目前，各地发展新茶园多用无性系茶苗，用扦插繁育的茶苗进行移栽。这是无性繁殖，所以茶也具有“不邪淫”的功德。

茶树生长挺立，不会歪七八扭。人们饮用后头脑清醒，没有颠倒、意乱之感。茶是一种清心、正直的代表，有“不虚妄”的功德。

“以茶代酒”的典故最早出自金陵，后来又有“寒夜客来茶当酒”诗句。茶是可以代酒的，酒会使人昏醉、迷乱，茶却让人清净、安定，所以茶有“不饮酒”的功德。

佛教中的戒法虽多，但基本要求是“诸恶莫做，众善奉

幽静的清凉山道

行，自净其意，是诸佛教”，也就是说，愿断一切恶，愿修一切善，愿度一切众生，这是修学佛法的总纲。茶有五戒之德，力行“持戒波罗蜜”,人们当学习茶持戒不逾矩的德行，按修学佛法总纲的要求去践行。

持戒是修行成佛的起点，是渡迷津的宝筏，暗室里的明灯。理海师父在《以戒为师》开示中，告诫我们：“出家人的生命中最重要的就是戒法。居士们虽然没有机会剃度、出家，但可以发心护持清净僧”，“平时的生活中，大家也应该以戒为师，随缘随份守持净戒”。

《华严经》说:“戒为无上菩提本，长养一切诸善根。”我们决不能动摇自己的菩提道心，要用心持戒，努力在菩提路上圆满、具足自己成就的资粮。

十六、茶的“忍辱”

一天，与几位居士在清凉小院吃茶，有一位说了早晨发生的一件事：

早上开车出小区，车速并不快，想不到，后面来了个“冒失鬼”，骑着电动车，一头撞上了汽车。下车一看，车后身瘪了一大块，顿时火苗便从嗔心中一下子腾起。正想破口大骂对方，这时，佛的教诲在耳边响起：“嗔是心中火，能烧功德林。”立刻这火苗没烧起来。尽管车有了点破损，但人都没事，就对那“冒失鬼”呵呵一笑，上了车，开到修理厂去了。

他说了这件事后，感叹道：“如果骂那人几句，找那人麻烦，也会带给自己更多的麻烦，我不会去自找麻烦，还是心平气和接受、坦然面对吧。”

大家听了他说的这事及深有感触的话，都称赞他做得对。这不就是“忍辱”吗？

“忍辱”是六度(六波罗蜜)中的第三度，有忍耐、安忍之意，是对于别人的侮辱欺凌，不生嗔恨之心。

修忍辱，能对治嗔恨。嗔恨是一种无明业火，如果心中只图报复、雪怨恨，不顾伤人害己，则会把自己以往所做的功德善行，一笔勾销，统统烧光。

忍辱不是懦弱畏缩、胆小屈服，更不是善恶不分。佛家的忍辱，是为了达到牺牲小我，完成大我的理想，为了完成普度众生的志愿，所具有的不屈不挠的精神表现。

我们日常喝的茶，看似平凡，但看看从采摘到制作的过程，茶也具有这种忍辱精神。

茶刚长出的嫩叶就被摘掉，供人们去炒制新茶，茶不仅忍受痛苦的折磨，而且越是被采摘嫩叶，它就越枝繁叶茂。在制作过程中，茶要经受晒、揉、炒、烘、烤等严格的淬炼，却显得那么坦然，那么自若，最终把自己生命的结晶，贡献给人类去享

清凉寺大殿

用。茶的忍辱精神、忍辱功德是多么的伟大。

人们常说，世界上最宽广的是大海，比大海更宽广的是天空，比天空更宽广的是人的胸怀。忍辱就是一种胸怀，一种智慧，一种自律，一种大度宽容的崇高境界。

我们生活的世界，称为娑婆世界，意思就是堪忍的世界。也就是说一个人要有忍辱的涵养，才能在这个世界上生活得更好。在现实生活中，每个人有许多话、许多事、许多气、许多痛、许多苦……需要忍辱。没有忍辱，修行就难以成就。

理海师父在《有容有量是修行》的开示中分析道：

"生活中，一个心量广大的修行者往往会有以下特点：心内装得下委屈，眼里存得住泪水，脸上蓄得住微笑，口中生得出白莲，脚下走得稳正道。"

理海师父还告诫我们：

"无论在家出家，经历人生的风雨时，能够有包容，有雅量，有正确的方向，不受世间名利、得失、是非的影响和干扰，这就是修行。"

我们要"勤修六度"，特别是要持修常人难以做到的"忍辱"。学习茶的忍辱精神，用最大的忍力，度脱嗔恨之心。

修得胸中雅量，蓄得一生幸福；做到心中忍辱，一生收获笑容。

十七、茶的“精进”

漫步在茶园，看那一垄垄的茶树，绿油油的，生机勃勃。

惊叹于茶的“精进”精神，因为它的生命岂止只在茶园呢！

你看那茁壮生长的茶树，枝头长出了新叶。当采茶人摘取了嫩叶后，枝头是伤痕累累，但它笔直地昂着头，很快又发出新芽，尽显它顽强的挥洒。

鲜叶离开茶树后，带着自然的养分，经受萎凋、杀青、揉捻、烘炒等的考验，成为真正意义上的“茶”，又焕发出青春。

如果是普洱茶，还会有一段时间的静置、孤独的等待、分解、转化，然而其内质在悄悄地重生，散发浓郁的芬芳，直到被人们赋予“陈香”的赞誉。

当人们将茶投入茶杯或茶壶中，滚烫的热水注入，茶翻滚着、舒展着、与水交融着，然后释放出最好的滋味供养众生，茶的青春再一次绽放。

茶，一次又一次的新生，一次又一次地为生命呐喊，茶是那么宽容而坚定，那么顽强而不懈，把生命的激情发挥到极致。它分明告诉人们：“我生命着，精进着，我很快乐！”

在佛教的六度(六波罗蜜)中“精进”是第四度。精进中的精是不杂，进是不退，即修善断恶的正当的努力。也就是说，在佛法的指导下，毫不懈怠的自觉觉他、自度度人，精修一切善法，成就一切善法。

精进对治懈怠，能克服人们的懒惰和懈怠，度脱人们的堕落的恶习。精进是成就一切善法的根本保证，也是其他五度成功的保障。无论是布施、持戒、忍辱，还是禅定和智慧，都应有一往直前的决心和勇气，百折不挠的毅力。

人生的路是靠自己一步步走的，人生的大厦是靠自己一砖一石堆砌的。走好人生之路，需要信念，需要坚持，需要坚定的心。

一个修行的人，更要能够精进不懈。理海师父在《精进修行》开示中说：

“修行中，尤其精进时会有障碍出现，不可畏惧，要在病苦障难、人我得失中，以逆境为炉，锻炼成就。”

“修行的关键是发心，一念觉悟，持之以恒，才能成就道业，广度众生。”

我们要勤修精进，在修行的路上锲而不舍、坚持不懈，学习茶叶所具有的精进的功德。

一个修行的人，如果能够精进不懈，一定会获得无上的成就，会发现佛中的境界，从而将自身升华到新的境界，也如同一杯好茶，会得到众生由衷的赞赏。

清凉荷香

十八、茶的“禅定”

钟惺是明代有名的文人，他曾寓居清凉山下一段时间。他因连日下雨，心境平静不下来。这时他想到雨水被人们称之“天水”，何不用来沏茶呢!于是他用白布一块，系其四角，白布中央下面放一个水缸，收集雨水。待收有半缸多雨水后，放一小块明矾于水中，将雨水搅动，不一会儿，水中的杂质沉到缸底，水更为清澈了。

钟惺用清洁的雨水煮茶，竟然收到意想不到的效果，不仅茶的色香味俱佳，他的心情也陡然一变，不为连日阴雨而苦恼了。

六度(六波罗蜜)中的禅定，其作用就有些像用明矾净水以后，人们心中的杂质沉淀下去，思念变得清净、变得单纯了。

禅定就是静虑的功夫或境界。对外不起动心，对内不散乱，心专于一境。

由沏茶用的水，不由想到茶。茶更有其禅定的“功德”。茶栽入土里，便不离这块土地，不管风吹雨打，日晒霜凌，始终傲然挺立，它把这些看作是最殊胜的加持。当茶叶被炒制，接受高温的烘烤，不畏不惧，始终有着“禅定”的精神，放下一切，舍弃一切，在“禅忍无我”中得到一种无上的禅悦，贡献给众生最有滋味的香茶。

禅定是对治散乱的。现代生活中的人们，几乎时时都处于不安分的环境中，或者说面对一些不安分的环境，导致人们的心不能安静下来。习禅定，则可以将那些心猿意马的意念给拴住，将那些杂念通通赶走，就像那一缸雨水，让水中的杂质沉淀下去；也像茶，在"禅定”中得到禅悦，供养给众生以美的味道。

枯荷禅意浓

信众如何修习禅定，是否只有习禅、坐禅这一个法门呢？理海师父在《修行要诀在于摄心》开示中说：

“佛教法门平等，无有高下，念佛、诵经、持咒、参禅、拜忏等等，各随志趣，各有巧妙。佛法本一味，要诀在于摄心。”

理海师父进一步告诫信众：

“修行功课重在摄心，无论作何修持，以虔诚、寂静的恭敬之心，一定能体悟到不可思议的妙处。”

一个真正修习禅定的人，既不受外界的各种影响、干扰，其内心世界也与周围环境隔绝，他能得到一种不为外境所动的、身心得以解放的快乐，一种内心寂静的妙乐。

当然，要想达到禅定的境界，需要具备一种“超越的精神”，要勇于能够突破心理、环境等的障碍，重在摄心，明了自心，善用其心。

禅定是开发智慧必要的手段，是作为实践自利利他菩萨行的基础。我们要像茶那样默修“禅定”的德行，茶为众生贡献出生命的结晶，我们也要刻苦修行，努力去做一个“无我而见性，无私而见佛，无为而见道”的人。

十九、茶的“智慧”

“智慧”在六度(六波罗蜜)次第位居第六，但是论其功德作用，实为第一。如果没有智慧，哪里会发心修行呢？修行要以智慧为指导，有了这个向导，才能把布施、持戒、忍辱、精进、禅定五度引向佛道，才能把五度变成佛的资粮。

智慧，即般若。这里的智慧并不等同于一般的聪明与普通的智慧，并不是指人们意识当中的分析、判断及发明创造的能力，而是指出世意义上的明了，是断除了是非人我与贪瞋痴慢，是究竟圆满的智慧。这不只是思想得到的，而是身心整个投入求证到的智慧。就像汉字中的“慧”字，是由丰、雪、心构成，像雪一般厚沉沉、晶莹剔透的心，具有的慧心、慧性、慧根。

智慧是度愚痴的。愚痴是无明烦恼，要靠光明的般若来对治。

佛陀即是智慧的代表，被称之“大医王”，佛陀的语言、教法都是良药。

人们日常饮用的茶也是良药。全世界有一半以上的人口都有饮茶的习惯，为什么呢？因为茶拥有很高的“智慧”，它有贡献给人类其一切能力的妙处：提神、治病、健身、抗癌、抗衰老……它更能让人们起欢喜心，愉悦生活。

我们要学习茶的“智慧”，让自己化为世间的“良药”，用生命来供养给众生，“见人苦救之，见人难助之，见人退转鼓励之、劝阻之”。这也是一种待人处世的智慧，是茶给我们的启示。

茶，它看尽世间沧桑，受尽艰辛苦难，如同一位饱阅世事的长者，散发出动人的智慧光芒。我们要像茶那样“处浊世而不染，历风雪而不凋”，以大智慧圆满一切善恶因缘，悠游自在过一生。

著名科学家爱因斯坦说过：“如果说有哪一种宗教可以应对与现代科学的要求的话，那一定是佛教了。”佛陀为人们用智慧花铺设了一条通向美好未来的康庄大道。

我们也可以说：“世上有哪一种饮品最利于人，那一定是茶了。”人生一壶茶，茶味如同人生滋味。茶在逆境中成长，从灾难中重生，于火炉上冶炼，在沸水中上岸，我们从茶中悟道，由茶中学习，并借着茶的“六波罗蜜”，开拓一条圆满自在解脱的人生大道。

佛教中，灯象征着智慧光明，“一灯能破千年暗”。修行者在佛前燃灯供养，最殊胜的功德就是驱除无明黑暗，获得智慧和解脱。点灯最重要的是点亮自己的心灯，在生生世世的无明烦恼、颠倒妄想中，点燃心中的智慧光明，最终明了自性。

让我们诵读理海师父《愿做尘世一盏灯》的诗句吧：

心灯明亮，
以信为炷，
慈悲为油，
以念为器，
功德为光。

焰相续，
无尽灯，
愿尘世间光明永存！

二十、茶书人

2015年3月的一天，熹园茶空间、清凉禅茶班在金陵图书馆组织了一场禅茶活动。清凉寺住持理海师父书写了三句话与大家结缘：

吃一杯好茶

读一本好书

做一个好人

2017年4月20日刚开展“全民饮茶日”活动，4月23日又迎来联合国教科文组织确定的“世界读书日”第12个年头的日子。这一天，我取出理海师父书写的这“三个一”的条幅，再一次的欣赏、品味和学习。

人生不可无书。

人是物质和精神的综合体。食物使得人们的身体得到延续，书籍慰藉着人们的精神，使得人们的思想品性得到塑造。

人们把“读书日”称为“书香日”。书香，有一种温馨的人文和永恒的爱意的气息。有了书香氛围的熏陶，生活会更充实和幸福，世界也会一天天变得温馨美好。

让生活弥漫书香，让书香伴随终身，是一种生活能力，更是一种生活态度。

茶与书常相伴，茶如人生。

书是对视觉的一次盛宴，茶是对味蕾的一次抚摸。看似两者不搭界，但它们在“琴棋书画诗酒茶”中相遇，在“书剑江山诗酒茶”中相逢。

茶的滋味，如同人的一生，在苦与甘、浓与淡的交织之中。苦是茶的真味，也是生命的真味。品茶就是品人生，

明代《金陵四十景图》之一 清凉环翠（局部）

茶里既有大千世界的斑驳色彩，又有生活的酸甜苦辣。

喝好茶，要用一颗平常的心。“若能安静下来，以无事的心，从红黄黑白青绿的每一杯茶中品出茶的神韵，随缘自在，那才是真正幸福快乐的人。”

做人，要做一个理想标准高的人。

常言道：“活到老，学到老，做到老。”做人工夫无止境。读好书，能提高思想境界，能培养健康情趣，也能告诉人们如何去做一个理想标准高的人。

读书是用眼来实现，用心来感觉。没有功利的驱使，没有为读而读的无奈，真正将心融入书中，这样的读书犹如一次心灵的旅行。

当读书捕捉到灵感，开阔了视野，感悟到人生时，会感到自己的渺小，知识的无穷。知识藏心，胸阔眼明，更能认识人生的“无限风光在险峰”。

理海师父书写的“三个一”，蕴含着深刻的佛理禅机，启迪我们去深思。

那天的禅茶活动中，理海师父说：“生活中能与禅、茶、书结缘的人是有福的，这种福不是一般人羡慕的金银富贵、声名显赫，也不是乐享天伦、事业发达，它是‘无事’的‘清福’”。

理海师父还告诫人们：现代人物质条件极其丰富，烦恼也格外炽盛，烦恼源于“需要的不多，想要的太多”。

让我们泡上一壶清茶，手握一卷好书，把茶临风，或诵读浅唱，或掩卷深思，让心灵从繁杂的世界走向回归，让大自然的博大抚净内心的喧嚣。在人生的路上，努力践行“做一个好人”，一个有信仰的、福慧皆具的人。

二十一、孝礼之茶

前不久，一位孩子参加了孝子奉茶活动。孩子妈妈对我说：“孩子捧一碗茶，边说妈妈我爱你，边敬茶给我，那一刻我眼睛湿润了，心里激荡着说不出的幸福。”

百善孝为先。“孝”字从老、从小。子女是父母生命的延续，子承老以为孝。唐诗《游子吟》中写道：“慈母手中线，游子身上衣。临行密密缝，意恐迟迟归。谁言寸草心，报得三春晖。”这首诗深情抒发了慈母和孝子的殷殷深情。孝与慈是子女与父母关系的人伦规范。

对父母的孝道，既有物质方面的敬养，更有精神方面的慰藉，而在心灵和行为上对父母的舐犊之情的回馈尤为

清末时的乌龙潭
（清凉寺放生池）

重要。孝子奉茶敬父母，正是对父母赐予生命和养育之情的感恩。

孝是能够一辈辈相互感染传承的。父母是子女人生的导师，子女的人生观、价值观都受到父母的影响。与其常用语言向孩子灌输正义良知，不如父母自己在生活中用身体力行来示范，首先做到尽孝长辈。孝子奉茶活动，是对孩子树立正确孝道思想的引导方式之一。

一杯茶是满足口腹之需，也是担当抒怀言志的载体。茶文化把饮茶止渴的精神层面上升为悟道修身的精神境界和礼仪行为。其中就包括敬茶示礼。

敬茶之举有不同的对象，有天地祖先、有父母长辈、有嫁娶夫妇、有待客之敬等。敬茶的意义就在于它是一种践行礼的仪式。特别是日常生活中的敬茶父母和待客之道，敬茶的行为引导了人们的日常生活举止，以敬茶人，彰显礼仪之邦所崇尚的天下和谐共生的愿景。敬茶父母、客来敬茶是深入中华民族骨髓的美德，时至今日，依然是中华民族传承的礼节。

清末清凉禅寺

最近南京茶事，开展孝子奉茶活动后，有更多的家长、孩子要求学习泡茶技能和奉茶礼仪。越来越多的人能做到敬茶示礼，那么我们那绵薄的孝心、仁爱待人之心，就会变成明亮的太阳，源源不断地向外辐射出爱和温暖。

日渐深秋，一杯好茶，一杯孝礼之茶，最是温暖人心。

二十二、夏天，安居生命的修行

到清凉寺，不管天气多炎热，即使汗流浃背，但一走进寺院，即感到凉爽了。

清凉小院茶桌上，飘逸着茶的浓香。

我与理海师父喝茶间，向师父请教有关"夏安居"的问题。

夏安居是源自古印度的一种佛教制度。安居，意译为雨期。每年农历的四月十五日至七月十五日的三个月，是多雨季节，物类生长繁茂，此时僧人不外出，定居在寺院安静的地方，这种制度即为“安居”，又称“夏安居”。

在此期间，僧人以习律、坐禅、经行等各种方法精进修学。对不合戒律的事，进行忏悔，这叫“自恣”。进入安居那天，称“结夏”；结束的那天，即七月十五，称“解夏”。经过“自恣”以后，僧人受戒的年龄(法腊)增长一岁。僧人不是以年龄论长幼，而是以法腊论长幼次序。

师父说：“夏安居是出家五众弟子谨遵佛制、息缘修道的行门，其最重要的意义在于广积资粮、克期取证。若无安居，大多数人必然心志散乱，荒废道业。”

师父的话让我明白：雨季期间草木、虫蚁繁殖最多，僧人恐外出时误蹈，伤害生灵，而遭世人讥嫌，因此便在这段时间不外出。僧人结夏安居，精进修学，多反思自我，广获法益。

清代画家龚贤绘《清凉环翠》（局部）

春夏秋冬，四季轮回。炎热的夏季，是生命的旅程中必然要经历的一段。僧人结夏安居，是赠予给夏天的最美礼物，也是在夏季为生命的修行抹上精进的一笔。

我们对夏季的理解，还不能只是看到高温炎热，夏天更多地还被赋予了一份美好和慈悲。

在生命的轮回修行之中，夏也完成了一场美丽而又慈悲的修行——结夏安居。

我们为僧人结夏安居的那份美好而感动。僧人精进修行，那种对整肃身心的严格，对生命的尊重，对心灵的慈悲，在坚定的信仰下，夏之物语愈发有灵性，同时那份信仰的延续在绿树成荫之下，得以传承。

我看着茶桌上新沏泡的茶，想到茶最灿烂之时，正是在滚水汇入茶叶的那一刻。滚滚的汤水让茶叶慢慢地展开，叶片渐渐地柔和。茶与水一遍遍滋润着，浸出浓浓的香味。

一缕夏日的光芒从树枝间散落在茶杯上，这是清凉小院的惬意，也是这杯茶的淡然。

我在茶水之间静静品味，回味着法师的开示，耳濡目染自己那颗向往清静的心灵。

二十三、跟随恩师登天宫山

登　山

我随理海师父赴福建龙岩市，参加当地举办的法眼宗思想学术研讨会。

圆通禅寺住持光胜大和尚在大会发言后，因事回天宫山了。

理海师父对我说："龙岩是法眼宗传承的重镇，光胜大和尚是法眼宗传人。到了龙岩，我们应该去一次天宫山。"

会议闭幕那天的下午，我们请当地一位朋友带路，直去天宫山。

天宫山地处龙岩市北隅的崇山峻岭，海拔1500多米，圆通禅寺即在天宫山上。

汽车开行一个多小时，到了山脚下，前面没有公路了。上山须步行攀登2400多级石阶。

理海师父问我："有困难吗？"我坚定地回答："没有问题。"有师父引领、鼓励，再累也要上山。

山中弥漫着雨雾。抬头几乎看不清前方的石阶，登山道被雨雾缠绕得朦胧而又神秘。

我们打着伞，在蜿蜒、盘曲、陡峭的山道上艰难的拾级而上。

一阵风吹来，只见那雨雾把群山披上了一条条洁白的"飘带"，一排排、一团团的云涛雾浪，以排山倒海之势扑向山峰，俯冲沟谷，一下就吞没了山峰沟壑，只留下几个小小山头在云海中吞吐沉浮。

我们停下脚步，支撑着雨伞，欣赏这美景，赞叹大自然鬼斧神工的造化。

越往上，雨雾越浓重。经过一道一道的弯，过了一座简易的茶亭，上了最陡最险的一段。一弯连一弯，一坡接一坡，看一坡到头，忽地峰回路转，又是一坡。越往上攀，寒意也一阵强似一阵。

伴着山雨，脚下湿滑，但我一直跟随着师父的脚步，坚实地前行。

我的双脚脱离了城市坚硬冰凉的水泥路面，在这里获得了另一种体验：感到此时此地是那么的清寂、清新。这是一次难得的跟随理海师父全程徒步的朝山拜佛，对我来说也是一次修行。

大自然的慈爱和慰藉，化着飘散的雨雾抚摸我的头顶，忽而，带一片白云来，未曾污染；忽而，带一阵细雨来，让我清醒。

我想到现在城市一些人心灵的焦灼，也为他们没能来此山中而遗憾。来到这里，不需要从摄影师拍摄的镜头中欣赏风景，也无须借助画家手中的笔法揣摩构图而成的美景。因为在这里，心头的景、胸中的境，是摄影师拍不出，画家绘不出的。

随行的当地朋友告诉我们：有人曾向光胜大和尚建议，建一条索道，既便于朝山者上山，又能开发旅游。光胜大和尚断然拒绝了这个建议。我想：此地若开发旅游，经济效益上去了，但必然会失去原有的清净。朝山者若真心向往佛地，决不会被这一级级石阶阻挡。如今，光胜大和尚快九十岁了，每周都还行走自如地上山下山。

细雨还在飘洒，我们经过近两个小时的攀登，来到了圆通禅寺。光胜大和尚听说理海师父来了，亲自打着伞在山门迎接我们。

光胜大和尚与理海师父相见，相互热情问候，光胜大和尚紧紧攥住理海师父的手，两人一道向寺院深处走去。

登天宫山

我在后面，看着两位大师的背影，他们都是法眼宗在当代具有代表性的传人，他们之间的缘那么深，意那么重，情那么浓。我分明感受到，法眼宗思想在当代的传承，不会只是停留在学术研讨会上，更会在南京清凉寺、龙岩圆通寺以及更多寺院得到传播和弘扬。

茶　叙

登上海拔1500多米高的天宫山，圆通禅寺住持光胜大和尚迎接我们进入寺院。

光胜大和尚引领，理海师父到大雄宝殿及各个殿宇礼佛以后，我们来到方丈接待室。

青年寺僧沏茶，给每人上了茶。

两位大师在案前紧挨坐着，相互敬茶、热情交谈。

天宫山，唐代初年即建有寺院，是闽西重要的佛教圣地，后毁。1982年，光胜大和尚上山，率僧众建寺。就地取材，布局依山就势，气象庄严。山顶还建有闽西最大最高露天弥勒大佛。

1998年，光胜大和尚接法，为法眼宗第十一代传人。

光胜大和尚对理海师父说：2011年5月27日，我到南京清凉寺寻根问祖，朝礼法眼祖庭，对你们那里的清凉气象印象深刻。

理海师父也与他一起回忆起那次两人相见的情景，并欢迎他再去清凉寺。光胜大和尚说：一定会再去祖庭。

光胜大和尚已年近九十了，但他一举一动都神态娴静，把大山的秉性，山之宁静、山之包容、山之淡定都融入禅定之中。

屋外细雨飘洒不停，室内大师相谈不止，青年寺僧不停为大家斟茶，一派亲和、愉悦气氛。

我看着杯中的茶，杯内水雾一片，氤氲缥缈，似与山中的雨雾缠绕一起，融入自然。

我对此茶产生了兴趣。福建名茶品种多，诸如岩茶、白茶、铁观音、漳平水仙、花茶等等，但天宫山的茶，不在此列。我向青年寺僧询问。

1982年建寺时，光胜大和尚发现山中的野生茶树，即要求人们爱护、保养，不施化肥，不打农药，保持生态品质。此茶生长在山中，是粗放式种植，东一处西一处，一株株，一丛丛。但在山里含云纳雾，受山水的滋润和树林的庇荫，茶芽生长得很有精神。春季，寺僧和居士采之，炒制成的茶，条索粗长、色墨绿，香馨醇厚，经久耐泡。此茶产于山上云雾之中，被称为“云雾山茶”。从青年寺僧那儿，我对此茶有了初步了解。

我边品茗边静静地听着两位大师的交谈。山间一寺一壶茶，以茶会友，两位大师从各自寺院的弘法，谈到这次法眼宗思想学术研讨会；从寺院的重建振兴，谈到法眼宗的传播和弘扬。两位大师曲曲谈心，千般情趣，万般暖意，

亲切茶叙

真是高山流水，幸逢知音。

我细品此茶，喝在嘴里，苦且清冽，但很快舌尖就有回甘，圆融生津。禅宗一花开五叶，法眼宗是最后开出的一叶，此茶苦且清冽，圆融生津，莫非是让我们感受清凉宗风，体悟禅茶之味？

饮茶并非仅仅为了解渴。在此品茗，是一种寄托，一种修持，一种感悟，甚至是人生的一种境地。

下山要一个小时，山道没有路灯。临近傍晚，光胜大和尚设晚斋后，我们即告辞了。两位大师依依惜别，光胜大和尚一直送我们到山道口。

待我们打着手电走下山，上了公路，已是晚上七点多了。

这次上天宫山，因雨雾很大，没能看清圆通禅寺的庄严气象，也没能看到山中的茶树，有些遗憾。

第二年春天，天宫山又炒春茶了。真想再去品尝那“云雾山茶”！

二十四、观昙花一现，做自在赏花人

清凉小院有一株昙花，悄悄地长出了一个花苞，像一盏灯笼静静地挂在翠绿的叶茎上。

七月初的这天早晨，寺僧发现那花苞连着花茎弯曲起来，像个秤钩。人们议论："今晚可能要开花了！"当天晚上，两位僧人等待了近两个小时，花没有动静。

第三天晚上，天下着微雨。下晚课，几位青年寺僧在小院吃茶。昙花的花苞将积累的能量慢慢地释放，寺僧在品茶时看见圆锥形的花苞微微地露出了一个小圆口。仔细观察，花苞在一点点地张开，渐渐地露出里面星形的花蕊和黄色的花粉。随着淡素洁白的花瓣慢慢地展开，一缕缕的香气流动出来。昙花绽放了！

看到开放的昙花，寺僧品茶也更有了味道。

一个小时过后，人们的惊羡还没有褪去，这朵绽开的昙花很快地萎缩，毅然决然的离去，没有半点的留恋。

昙花悄悄地开放，没有要舞台，也不喜欢在人们面前表演。只在黑夜里不被人们注意时，静静地绽放。花谢时，走得迅速又十分从容。

任何物象在一霎间消逝的，人们把它比喻为"昙花一现"。这一说法，源于佛经。《法华经》云："佛告舍利弗，如是妙法，如优昙钵华，时一现耳。"优昙钵华，即昙花。

可能是日常难以见到昙花绽放，抒写昙花的诗很少。也许是昙花与佛有缘，清初有一人修禅得悟，他在诗中写到了昙花："一瓶一钵一袈裟，几卷楞严到处家。坐稳蒲团忘出定，满身香雪坠昙华。"

对花啜茶，颇为雅致。明人即说："若把一瓯对山花啜之，当更助风景。"品茶之时，观赏昙花的绽放和闭合，这

盛开的昙花

个短暂的过程，既有茶香，又有花香，花香遮住茶香也好，茶香湮没花香也罢，都颇具诗意和韵味。

清凉小院里，僧人雨中品茶，观赏昙花的开合，既有雅趣，更有了禅意。青年寺僧演项法师就以一首诗和一段文字记下了那一刻的心境。他写道：

几日盼花开，
今终见佛来。
观罢听雨落，
自洗心尘埃。

连着几日，盼望着昙花盛开，今晚终不负佛家情意，如约而至，悄然绽放。此时还下着雨，一边观赏昙花，一边聆听雨声。那雨，洗去内心久违的厚重；那花，使得内心一片安宁。修行，就在一花一雨中。

相遇一次丽质清美的昙花绽放，看见一程凄楚幽怨的花谢闭合，演项法师的内心，却十分平静，修行在一花一雨一茶的世界中。

花开，令人喜悦，那就享受这喜悦；花谢，令人悲情，那就看清这苦楚。修行人则在这花开、花谢以及心境的生生灭灭中，一点一点地放下自己的贪、瞋、痴，自在解脱的心也就渐渐分明。“一切有为法，如梦幻泡影，如露亦如电，应作如是观。”当了知一切法无常，就能做个自在赏花人。

演项法师的“观罢听雨落，自洗心尘埃”，抒写了所追求的内心安宁、一颗平静心，正是参禅之人的追求所向，是悟禅之人的超然领略。

宁静的心，质朴无暇、回归本真，这便是参透人生，便是禅。

这年九月中旬的一个晚上，这盆昙花再度绽放吐香，真谓缘深情浓。就演项法师写的那首诗，我和了一首：

昙花再度开，
凝香常晚来。
禅心无限意，
对僧敞襟怀。

清代画家龚贤绘
《半山楼台》（局部）

二十五、竹林边的清凉茶会

这一场清凉茶会，理海师父特意让我们安排在山坡竹林边举办。

清凉寺的竹林，历史久远。南唐时，文益禅师在清凉寺创立禅宗最后一个宗派法眼宗。那时，就栽有青竹，建成竹园。

有一天，文益禅师指着竹子问学僧：

竹来眼里，
眼到竹边？

文益禅师的问话，是启发学僧泯除对事物对立之相的执着。学僧如果不悟，就会答“眼看到了竹”或“竹映入到眼”这种陷入思维的陷阱之中。文益禅师希望学僧能就这话头，掉头不顾，突破取舍之心，超越分别对待，领悟到诸位本无同异，一切现成。

清凉之竹，成了文益禅师弘传清凉禅风的具体生动的教材。

当今，清凉寺大殿旁就是连绵近百米的竹林。袅袅烟香从含着露珠的竹林飘过，寺僧在竹荫下谈经说禅，还常在竹林边的小道闲经信步。青翠竹林，幽幽竹影，映衬得寺院更为清净、空灵。

人们常把松竹梅并称，但竹与松梅有一点不同，竹子很挺拔，但却是属于草本植物，这一点很像茶树，茶就被称之“香草”。

茶树往往不独处，竹也如此，从来就是一个集体。竹在山体上扎根约四年，缓慢生长，待第五年后，一瞬间就会蹿出许多，一枝枝长出，还会给伙伴留下足够的生长空间。

清凉寺竹林

竹自破土以后，寒暑不移，岁月不改，始终如一的青翠着。像茶树一样，不在意四季的更变，也从不折腰俯就，自成清韵，贡献大众。

古人推崇饮茶的环境，应以自然为主。茶会地点放在竹林边，清静澄澈、雅致有韵，正是清幽之至。竹为背景，茶为载体，竹影幽幽，茶香袅袅，又有山林野趣，更有寺院空灵，确为品茶的好地方。

这一场茶会有论史谈茶、茶席展示、诗歌朗诵，还有古琴演奏。微风掠过竹梢，龙吟细细而来，茶香袅袅而生，琴声丝丝流出，味与声合二为一，清雅顿生。

竹能清心，茶能净心。在这里，既有风景，又有禅心。茶会上，理海师父给大家说了“三个缘”：

人缘——在茫茫人海中，有缘相逢、相识、相知十分不易，能在清凉寺相聚更是难得。今生我们所有的相遇都是夙缘所系，久别重逢。希望大家能在有限的光阴里结缘、惜缘、随缘，彼此和谐，共成其善。

茶缘——今天我们因茶而聚，吃茶静心，由茶入禅，这是最殊胜的清凉茶缘。在这杯茶中，饱含着茶味、诗味、禅味，更有文化的味道、归宿的味道、寂静的味道……可谓茶味无尽，茶缘深远。

佛缘——诸佛菩萨慈光遍照，众生但凡目见耳闻，或一念信向，不论男女老少，贫富贵贱，必能仗佛光明，蒙佛加持，各位来到法眼祖庭，亲尝禅茶，深结佛缘，何其殊胜！何其欢喜！

最后，理海师父“祝福大家善缘增上，法缘深植，永离热恼，清凉自在”！

一阵微风吹来，竹林响动，竹语喃喃。笔直刚劲的竹竿，竿蕴警句；秀美清丽的竹叶，叶带禅声。品茶人静静地听着，都想成为领悟开示、善悟竹语的人。

这天的茶会，喝茶很晚了，但人们还没有归意，都想把这心境再多保留一会儿。

考古出土的明清清凉寺遗址

二十六、白露到　秋意浓

从节令上看，“立秋”了，就进入秋天。但是人的体感，到了“白露”，才开始有了秋意。

你看：“白露”到了，天高了，云淡了，风轻了。白露身不露，人们秋衣也上身了。入夜便觉凉爽，夜来草木上可见到白色露水了。

白露是在每年阳历9月7日或8日，太阳到达黄经165度时开始，这时“阴气渐重，露凝而白也”。

真正的秋日，阳光很亮。心生暖意，但不燥热；撩去雾纱，并不炫目；从容饱览，多见白色。

长天中浮动的云絮，阳光下水面的波纹，枝叶上凝结的露珠，河岸边盛放的芦花等，都是白色的。连人们喝茶，也多沏泡的是白茶。

由于气温开始逐渐下降，雨量减少，空气中的湿度也相对减少，人们有了秋高气爽之感。

秋高气爽，气候偏于干燥，燥气可耗伤肺阴，故会产生口干咽燥、干咳少痰、皮肤干燥等症状。因此，秋天养生要偏于柔润温养，但又应温而不热，凉而不寒。对于秋燥伤津，要多吃些蔬菜、水果，多喝茶。

白茶是茶叶家族中制作最简单也最接近天然的茶类，它不炒不揉，以萎凋为其核心制作工艺。在加工过程中，阳光与风的参与、微产区与小气候的融合、人的经验与技艺的演绎，造就了它淡泊清雅、极利身心的特点和保健性。

特别是老白茶，褪去寒凉，进而平和。品饮老白茶，有原汁原味的本色，清新淡雅的鲜爽，雨过花落的清香。有红

理海师父书法
《茶禅一味》

茶醇厚的优点，又有绿茶清香的特长。既除体热，又生津液；既养肺益气，又滋养皮肤。

品饮白茶时，我看着面前的茶席。茶席是以茶为中心，融摄传统美学和人文情怀的一方茶空间。

茶席应虚实相间，留有空白。实的是可握可赏的主泡器、公道杯、茶则、茶匙等器物及茶叶、花枝。虚的是其间的精神、韵味。

简素的茶席席面，如同中国画里的透气留白、书法里的密中有疏和篆刻里的分朱布白。

许多完美有时并不需要太复杂，留出空白，就是留出了余地，为美留出了想象空间。

留白是审美的至高境界。就像秋日那蓝色的天空，一片清澈，只见飘浮着洁白的云朵，让人情思，令人神驰。

留出空白，留有余地，更深层次上的含义是说要有一颗简单的心灵。摒除“需要的不多，想要的太多”的心态，胸怀“结庐在人境，而无车马喧”的境界。

秋风是解人意的，衣袖被风充满，清风满袖。只有秋天的风，当得起一个“清”字，也只有秋天的风，还人一份清洁，给人一份清静，送人一份清凉。

白露到了，秋意开始浓了。

唐代王维诗云：“秋天万里净，日暮澄江空”，天那么高远，江这般清澈，我们那芜杂纷乱的心境也应被秋风涤净。

清凉寺遗址出土建筑构件

二十七、围炉品茶赏腊梅

农历腊月十九，几位书画家到清凉寺，为信众写春联和福字。寺僧招呼他们在清凉小院先吃茶。寺僧点炉烧水泡茶，一壶“正山小种”，每人的杯里茶汤温润金黄，喝起来身心温暖。

这时，一位书法家被一株清冽的腊梅吸引过去，连声说：“真香，真香!”

这是长在小院篱墙旁的一株腊梅树，躯干犹如一根盘龙柱，尽管它的枝条显得纤弱、枯瘦，但开的花紫萼黄苞，素净纷繁，幽香沁人。

腊梅是先开花后长叶，它不属于蔷薇科的梅类，不是梅花，腊梅和梅花没有任何亲缘关系。只是因其花于腊月开放，花色又似蜜蜡，与梅花开放时间相近，所以被称为腊梅。

腊梅树旁，一席人围炉品茶，我不禁把茶和腊梅做了比较，还真有不少相似的地方。

腊梅和茶树都是灌木丛生，枝条直立，给人一种向上的力量；它们都挺立在寒风中，经受磨炼，肌骨不损、俊俏喜人；茶叶芽头冰清玉洁、仙骨佛心，腊梅花瓣轻薄如翼、玉蕊擅心，都容不下半点尘埃和污垢；它们都求人甚少，给予人的甚多，无私的供养大众。

腊梅花可提取芳香油，并有解暑、生津、顺气、止咳等功效。《红楼梦》中薛宝钗服用的“冷香丸”，其中就有一味腊梅的花蕊。腊梅还是文房四宝的良朋益友，用其树皮浸水磨墨能发出光泽。

清凉腊梅

源自金陵的“黄花闺女”一词还与腊梅有关。南朝宋武帝刘裕的女儿寿阳公主，一天玩累了坐在地上休息，一阵风吹落了几片腊梅花落在她额头上，经汗水浸染，额头留下了花痕，拂试不去，皇后见了，说她更美了。自此寿阳公主爱用腊梅花瓣贴在额头上，后来这种“梅花妆”传到民间成为习俗。有人从中得了商机，采集腊梅花蕊中的花粉，做成黄色粉料，将干花片、蜻蜓翅等染上黄色，贴在少女的额头、鬓边，人们称之“花黄”。宫中有人把“花黄”颠倒过来，就成了“黄花闺女”一词。

几位书画家品茶赏花后，纷纷提笔写春联、福字。他们热情真高，小半天写成的春联、福字铺得小院里满地皆是。那红纸黑字、新鲜喜人的春联、福字，跳跃着人们的心声，传递着人们心底的希冀：迎春、祈福、祥瑞、平安……

腊梅是群芳的先驱，是冬还没去、春还没来的最早的觉醒者。它似深居简出，在腊月里犁开寒风开放花朵，又似在大寒中受戒，诵读寒经，培育渐行渐近的即将走来的桃红绿柳。

整一个月过去了，农历正月十九这天，我又来到清凉小院。站在这株腊梅树下，见有不少腊梅花掉落地上，化作春泥，仔细看才能将那萎缩的花朵在一团泥土中分辨出来。再看树的枝头，一些青绿的叶子探出了头，正以它新的姿态迎接春天。

我折了一枝还在开花的腊梅，供瓶；在小院茶台前就着小火炉，烹茶；看一卷经书学佛，悟禅。

清代《金陵四十八景图》之石城霁雪

二十八、玉兰树下玉兰茶

清凉小院有两棵玉兰树，植株高大，伟岸端庄，树冠丰满，浓荫铺地。寺僧招待信众的小茶台就放置在树下。

上周，气候转暖，经春风吹拂，树的枝头生出毛茸茸的花蕾，如毛笔头一个个顶在树梢。一周过去了，花蕾儿都露了白，更有一些花苞急不可待地开出了白色花朵。

玉兰是落叶亚乔木，树高一丈以上。根系发达，抗风力强。对二氧化硫和氯气的抗性很强，且能防烟尘，是很好的抗污染树种。花含芳香油，叶入药可治高血压，花、叶、嫩梢可提取挥发油。其木材致密、坚实，可用作装饰材等。

玉兰花是天气的寒暑表，花一开，就不再有冰冻天了。花朵向上，花型硕大，色泽洁白，有种透明的脂感，气韵高雅。花有九瓣两层，鼓胀胀地拢着好像捧着一手心的宝贝。玉兰花的香较为收敛，隐藏在花内，凑到鼻尖，它才有羞答答的回应，有股丝丝清香。玉兰花开得很有秩序，不一次开完，是几朵、几朵的开，高低错落，直到全都盛开。

记得去年清凉小院玉兰花盛开时，我们与几位寺僧在树下品茶，品的是福建“漳平水仙”。

“漳平水仙”茶创制于民国时期，虽仅有六七十年历史，但很有特色。其一，是在工艺流程于揉捻后，增加了一道“捏团”工序，即将揉捻叶捏成小圆团，用纸包固定焙干，再用木模压制成方型，统一大小规格，形似方饼。这样既携带方便，便于品饮，又利于收藏，防止吸湿变质。其二，茶的干色乌褐油润，滋味醇正，香气清爽，有一种独特的兰花香。

清凉寺里盛开的玉兰花

那天，打开白色纸张紧紧包裹的漳平水仙，经开水冲泡，品一口，喉头湿润着兰花香。抬头看阳光下盛开的素净玉兰花，通体透明，像初月霏微时，将万千月华含吮其中。

大家正在议论品饮漳平水仙的感受，理海师父拣了刚落在茶台上的两片洁白花瓣，冲洗一下，即用开水冲泡成玉兰花茶。大家好奇，争相品饮，都感受到茶水里清淡的玉兰花香。花开供人欣赏，花落了还能当茶泡，大家对玉兰花更增添了一份爱意。

师父喝着玉兰花茶，微笑着说："大家都喜爱花，欢喜用花供佛，这很好，但更重要的是处世如花，让人生绽放出觉悟的、微笑的花朵。"师父还说："花开虽然美好，却难免凋零，故佛法中常用花暗示无常空性，凡所有相，皆是虚妄。"师父指着小院围墙上抄写的清凉文益禅师的诗句，读道："何须待零落，然后始知空。"他又解释道："清凉文益禅师当年写这首诗就是警示南唐中主李璟的。"师父随机的话，既生动活泼又睿智深刻，滋润着我们的心。

这时，一位居士拣了十多片落在地上的玉兰花瓣，洗净后加盐拖上面糊，上锅用油炸成"面裹花"。一盘摆上来，成了可口的茶食，别有一番风味。

古人也爱在盛开的玉兰花树下煎茶。明代画家丁云鹏，他的茶画《玉川煮茶图》在茶史上很有地位。他还有一幅《煮茶图》，反映了在一树玉兰花下品茶的场景。这幅画是以唐代茶人卢仝煮茶为题材，画上有仆人老妪和老翁，煮茶人卢仝坐在床榻上，注视着风炉，上面是茶壶一柄，正等候汤水沸腾以便点茶。卢仝的对面是一张石几，上置假山盆景，旁边有茶盒、茶壶、托盏、茶瓶、茶罐等。人物身后画的一树盛开的玉兰花，一朵朵数不清的花与玲珑的石头、杂草异卉联手构成了一种别样的安静。这幅画设色清秀，其铁画银钩技法把一份原有的宁静衬得特别醇厚，仿佛即将点好的茶能把人带到一个无忧的境界，夹杂着玉兰花的香味，似乎也弥散开了。

这幅画中的茶具是明代风格，画家是借唐人的题材，抒写自己的胸臆。画家特别以盛开的玉兰花为品茶的背景，反映了明代文人品茶时的喜好和对玉兰花的感情 。

难忘去年玉兰树下与寺僧一起品茶的时光。一年过去了，今天，抬头看已开放的花朵，那洁白的花瓣张开着，我仿佛听到花开的声音，往事的思绪也似乎被牵引到花的暗香里。

回想去年与寺僧一起看盛开的玉兰花，品散发兰花香的“漳平水仙”，喝用花瓣冲泡的带有玉兰花香的茶，吃清淡的玉兰花茶食，听理海师父深邃、引人思考的禅语，那境、那景、其色、其味，是那么的相融，那么的惬意，那么的感人。尽管过去一年了，仿佛就在眼前。

随着天气进一步趋暖，再过一周时间，玉兰花将会烂漫地开放，我要再来清凉小院，再与寺僧一起品茶！

理海师父书法

二十九、入不二门

清凉寺曾是南唐皇家寺院。历史上，清凉寺在不同年代都曾留下珍贵的文物。

以南唐为例就有：

中主李璟时，僧人广慧亲自凿制于还阳井的井圈铭文；李璟亲自监造的“幽冥”大钟；李璟为祭奠休复禅师建的“南唐清凉寺悟空禅师塔”及韩熙载题写的碑铭。

后主李煜时，为避暑行宫题写的“德庆堂”匾额；李后主写的八分书，董霄远的草书，董羽的画龙，史称以上为“三绝”；还有董羽、陶守立在寺壁上绘的海水图等。

历代清凉寺各殿宇有对联、匾额，这也是有历史价值的文物。

千年水月中，清凉寺历经沧桑更迭，文物或被毁、或散失。

当今清凉小院圆门上，有理海师父题写的“入不二门”。古典的圆门，龙形的墙脊，再有这灵秀的“入不二门”横额，人们把这看作是目前清凉寺的标志之地，心中珍贵的“文物”。

“不二”即无二，超越一切的对立。“门”即法门，参禅悟道的门径。

世间万事万物原本就是一体平等。“不二”，就是不去分别。

诚然，世间因缘和合的万事万物，因为不同的因缘，体现为不同的形态特征。色有赤橙黄绿青蓝紫，味有酸甜苦辛涩香辣，空间方位有东南西北上下左右，季节有春夏秋冬风雨雷雪，人的情感有喜笑怒骂哀愁苦乐，等等。

“入不二门”中的二门，要我们“不分别”，并不是去否认万事万物客观存在的差异，而是要我们不生主观的爱憎

清凉小院

取舍，要将自他、贫富、贵贱、尊卑、大小等等一切相对概念全部予以超越。

信众和游客爱以清凉小院圆门，特别是“入不二门”题额为背景拍照。“入不二门”留在很多人的照片中，但真正领悟其道理很不容易。

不少人信佛、拜佛，常谈到“成佛”。成佛，意味着必须从某种状态中醒来，而我们往往是处于沉睡之中。沉睡，不是别的，正是二元分别。分别、对立的观点给我们的人生镜子蒙上了灰尘和烦恼。只有超越对立才能进入到空明澄澈的境界。

理海师父曾说：

“人们之所以有这些好坏、是非、美丑、优劣的比较，根本原因还在于自身的分别、妄想与执着。妄想、执着是我们破迷开悟的最大障碍。”

“学佛之人应当学习平等，懂得圆融，不分别，不执着，不起心，不动念，护持自己清净妙明的心。”

理海师父“入不二门”题字

走进清凉小院圆门，有时看到寺僧在品茗。有信众、游客向他们问禅求道，寺僧会请他们坐下喝杯茶。

在这里，大自然的青山花木与寺院青瓦、黄墙、圆门化为一体。这特定的风景，加上日光流影，香火缥缈，梵音传响，更让人有着形象生动的体验。

在这里，茶香蕴含禅味。在草木之间、在茶杯之间，无情的事物启迪着有情的生命。看似简单的“茶”字，里面包含了丰富的意境；笔画简单的入不二门的“不二”两字，更是蕴含着无限的哲理。

茶，质本洁来还洁去，茶之生命一个华丽的转身，在枯木中重获生命的生机。

我们也要藉清凉寺这座千年古刹的殊胜因缘，风雨共进，入不二门，圆满尽未来际的究竟大愿，一路清凉！

三十、落叶悲秋？不！

过了霜降，秋意更深，找个地方品茶悟禅，清凉寺是好去处。

与几位朋友去的时候，看到大殿前，禅院里，石径小道上，寺僧在清扫落叶。

在我们脑海里，一下子浮现出扫叶楼上那幅明末清初画家龚贤的《僧人扫叶图》。现在亲眼看到僧人清扫落叶的身影，我们还没喝茶就已感受到了禅的味道。

寺僧招呼在小院茶桌边坐下，为我们泡茶。

自古逢秋悲寂寥。旧时，人们往往落叶悲秋，生成出对生命衰亡的惋惜与哀怜。

我们在品茗中话秋，有的说到黛玉葬花，将失落的情思掩埋；有的说到李商隐的诗“秋阴不散霜飞晚，留得枯荷听雨声”，令人惆怅；有的说到南唐李璟的词“菡萏香销翠叶残，西风愁起绿波间”，未免悲凉。这些都反映了秋天不那么讨人喜欢。

正当朋友们话来诗去，谈得热烈的时候，一位僧人不紧不慢地说：“我看秋天好呀，经历了春，度过了夏，五谷果品到了秋天结穗成熟，有了果实，用自己的成就利益大众。”

又一位僧人接过话头，说：“你们文人写诗，常讲`化作春泥更护花，秋天树叶落了，可以化为养料，滋润来年树枝发新芽长新叶，这就是一种生命的接力，是大自然充满灵气的造化。”

寺僧的话反映他们没有落叶悲秋之感，有的是一种“莫道古树老，枝叶年年新”的豁达、乐观心境。

一阵秋风吹来，树上的叶子纷纷落下，耳边传来大殿里居士的诵经声。这般的景境，刚刚又听到寺僧的话，大家喝的这杯茶，其禅味浓了。

清凉山银杏谷

朋友问我："你对秋天落叶怎么看呢？"

我对他们说：前两天来寺院时，理海师父引着我看了培育的两株菩提树。两盆约半米高的菩提树，枝条健壮，绿叶鲜灵。从菩提树我想到曾经读过的一本书，书上有"落叶菩提"的说法。落叶也有菩提之性。叶落了，并不是秋风扫落叶无情，而是落叶之根自我了断，落叶是树木自己的生命轨迹。

在岁月的长河中，四季的轮回不曾丢掉过谁。没有永恒的日头及春夏，却有从不迟到的黑夜及秋冬。

我对朋友说：秋，从绿意盎然到层林尽染的金黄，秋的颜色如同这寺院杏黄色的院墙，美轮美奂之间，并不只是生命凋零的无常，更多的是在繁华之后，寂静的升华和放下的自在。刚才我们听到僧人说的话以及他们面对落叶的心境，不正是如此吗！

深秋，落叶飘尽，大地萧飒，但无须悲伤。昂扬向上的人，或无暇伤感，或超越悲伤。做人如秋，应从繁华中，淡泊名利；秋日如水，应在万物寂静中，一如既往。

朋友们听了我这般议论，点头赞同。有位朋友说："话说的不只有文人气，还有了些香火味。"

我说："我也只是初学，认识不深。你们若有兴趣，不妨读读理海师父的《清凉菩提路》。"

我向朋友推荐了理海师父的一段开示：

秋天的落叶纷飞，阐释着无常与因果；

那天高云淡、皎洁皓月，又寓意着自性的清净无瑕，圆满具足。

如何才能有圆满的收获呢？

种下觉悟的因，收获圆满的果。

朋友们听了，直呼“诗意，诗意！禅理，禅理！真正让我们领悟到秋天的禅意”！

寺院的茶，朋友已喝到了其中真正的味道。

我们与寺僧道别，到寺院后山银杏谷去。

银杏树扇状的叶子已由绿变黄，从树上落下，我们脚步踩在铺满金黄落叶的绵软的道上。抬头看那高高的银杏树，还有少许叶子随着秋风片片飘落，从容不迫，舞姿自有一种风韵，又似正唱着事业与使命的最后的凯歌。

《清凉文丛》主编（左）与本书作者（右）

附 录

一、石头山诉说金陵亿年历史

（一）

南京有两个著名的别称，一是“石头城”，一是“金陵”。这两个别称都与石头山有关，石头山即清凉山。

用地质历史的时间尺度去纵观，这里的“沧海桑田”，向人们诉说漫漫变化万千的历程。

距今2亿到1.5亿年间，即三叠纪到侏罗纪时期，金陵一带的地壳变化剧烈，海水逐渐退去，水平岩层被褶皱成山，形成了宁镇山脉。从此，金陵一带一直处于海平面之上，成为迄今未曾沉没的大陆。

宁镇山脉呈弧形构造，分布于南京与镇江之间。宁镇山脉两翼呈东北—西南走向，分成三支楔入南京市区。其中北支沿长江一带有龙潭山、栖霞山、乌龙山、幕府山，并向西延伸，与象山、龙虎山、狮子山、八字山、石头山等连成一脉。

石头山位于南京城西。石头山体大多是厚层的砂岩和砾石岩，是 由1.35亿到7亿年前白垩纪砂砾岩构成。

在距今大约1000余万年前的第三纪后期，火山爆发断断续续，地壳不断运动，发生了一条呈北向西方延伸的断层，致使东北侧山体上升，西南侧山体下降。在这条断层带上，出现了悬崖峭壁，傲然屹立。与此相反，山体的东南坡，坡度缓降。

随着地理气候的变迁及变化，特别是天气相当炎热，雨量偏少，经过漫长年份的风化，山上沉积的沙泥碎石得到充分的氧化，沙粒与泥质表面也都被渲染成赤色。红色的砾岩、砂岩普遍发育，并不易在雨水中溶解，最终被裸露出来。

1935年出版的《宁镇山脉地质》一书，对这一地质现象做了明确的诠释：南京城西，从挹江门向南，沿城一带的低山，都属于下蜀系红黄色黏土区域。但挹江门一带的山体，地表红黄色黏土层较厚，看不到下面的石头；直到草场门附近，红黄色黏土渐薄，才可以见到有红色砂岩及砾岩出露，“清凉山以至汉西门附近的菠萝山，及五台山，各处山下，均有红色之砾岩或粗砂岩出露，山之上部，均为红色黏土。”

到了距今约300万年前的上新世末，青藏高原开始强烈降升。长江流域逐渐形成阶梯状东西分异的地貌格局，形成大江一泻东去的面貌。自全新世开始，长江流域古地理面貌已和现在基本一致。近两千年前的孙权等人看到的，自是在石头山下大江东去不回头的景象。

当今，人们来到清凉山下，在秦淮河边，仍可以看到突兀陡峭的紫红色山岩。明代建城墙时，有一段就是直接砌在山石之上。其中突出来的一块岩石，像是一张五官错位、狰狞可怕的脸，被民间称为“鬼脸”。清乾隆年间，金陵诗人王友亮写有“胜国初年廓帝京，此矶嵌入女墙平，老螟本体才轩露，笑煞人更鬼脸名”。此诗不仅说明了鬼脸城形成的原因，也说明最迟在200多年前便有鬼脸城的说法了。

金陵亿年沧海桑田的历史，就隐藏在石头山各处红色的砾石层中。

历史跨入距今六七千年前的新石器年代。石头山之东一带丘陵起伏，森林覆盖，野兽出没其间。大小水塘密布，一条长河穿流而过。在一块高地上，散布着一个个原始村落，金陵的先民在此辛勤劳作，繁衍生息。

村落的东部为居住区，房屋用竹子、树皮编成篱笆，涂抹上掺砂 伴草的泥浆。屋顶覆盖树皮茅草，房屋四周挖有储存食物的窖穴，屋 边砌有火塘。先民用简陋的石器、骨器、长杆等工具采摘浆果、猎取 野兽、捕获鱼蚌。他们还学会了锄地、松土、灌水、种植庄稼，甚至 吃上了稻米。他们在这里的原始村落生活，开辟了金陵最早的家园。

（二）

两千多年前的春秋战国时期，有人从江北来，一路没有见到石山，过了长江，看到了这座山。山体布满紫红色砾岩，就称是见到了第一座“石头山”。明代《万历上元县志》引《江乘地纪》：“吴之石头（山），有楚之九嶷（山）也，自江北而来，山皆无石。至此山始有石，故名。”

东周显王三十年（前339年），一代枭雄楚威王即位。周显王三十六年（前333年）楚威王率军打败了越国，占领了越国大片土地。楚威王来到长江边，石头山一带。他看到这里的地理位置举足轻重，决定在这里设立行政机构，加强控制和管理，就在石头山修筑了一座城邑。

《建康实录》载：“越霸中国，与齐、楚争强，为楚威王所灭，其地又属楚，乃因山立号，置金陵邑也，楚之金陵，今石头城是也。或云地接华阳金坛之陵，故号金陵。”

南京最早的别称“金陵”，也因此而得名。金陵邑是南京有史以来第一个行政建置。其位置大概在今清凉寺以南，一个U形的小山谷，也即后来三国吴时“石头小城”的前身。

楚国的金陵邑，严格来说只是一个前沿军事据点，目的在于加强对新占有土地的控制。因为这里水运方便，长江直激石头山下，建在这里的金陵邑能有效地控扼长江水道，还可开辟水运码头。

《建康实录》对“金陵”这一称谓的来历做了明确表述。

一是“因山立号”。那时的钟山称之“金陵山”，石头山是金陵山余脉的一部分，所以这座建在石头山上的城邑就被命名为“金陵邑”。另一种说法是，金陵邑“地接华阳。金坛（今常州下辖县）之陵”而得名。《建康实录》作者许嵩似乎更倾向于“因山立号”的说法，但由于治学严谨，便将“金坛”得名的猜测也一并记录下来。

到了南宋周应合的《景定建康志》又出现一种说法，传说楚威王见这一带王气旺盛，在狮子山以东的江边埋了金子做的小人，以镇压王气，因而得名金陵。这种说法实为人们的附会想象了。

石头山周围四公里，西北接马鞍山、四望山，东南与五台山、冶城相属。长江自西南滚滚而来，石头山似一只猛虎雄踞于大江之南，依山傍水，虎视着上游发生的一切，保卫着一方安宁。

古代政治家、军事家对于城池的选择，大多选有交通便利、山川险峻、易守难攻等要素，并赋予在军事上的卓越效能，兵家的必争之地。

相传三国时，诸葛亮在赤壁之战前夕，出使东吴与孙权共商抗击曹操的大计。他俩骑马来到石头山，察看山川形势。看到以钟山为首的群山像苍龙一般蜿蜒蟠伏于东南，而以石头山为终点的西部诸山，又像猛虎似的雄踞在大江之滨。于是，诸葛亮发出了“钟山龙蟠，石头虎踞，此乃帝王之宅也”的赞叹，并向孙权建议，此地可建都城。

那时，有一位文学家、长史张紘(字子纲)也劝说孙权：“秣陵，楚威王所置，名为金陵，地势冈阜连石头。访问故老，云昔秦始皇东巡会稽经此县，望气者云金陵地形有‘王者都邑之气’，故掘断连冈，改名‘秣陵’。今处所具存，地有其气，天之所命，宜为都邑。”孙权听了这番劝说，沉入深思，没有立即行动。

相传的诸葛亮对石头山的赞叹，张紘的进言，对后世产生了很大的影响，不仅至今南京城还留有驻马坡、虎踞关、龙蟠里等老的地名，而且在一定程度上成为帝王们在此建都的重要理由。

但是，传说毕竟是传说，正史中并没有诸葛亮曾经到过金陵的记载，孙权选择金陵作为都城的原因，一度被人神化了。较早谈及孙权选中金陵作为都城的是《献帝春秋》中的文字。这段文字为《三国志·张紘传》裴注中引用。这段文字为："刘备至京，谓孙权曰：'吴去此数百里，即有警急，赴救为难。将军无意屯京乎？'权曰：'秣陵有小江百余里，可以安大船。吾方理水军，当移居之。'备曰：'芜湖近濡须，亦佳也。'权曰：'吾欲图徐州，宜近下也。'"从这段文字记载看出，孙权是自己分析了地理位置，选中秣陵作为都城，绝不是听了诸葛亮的建议，也不是听从了刘备的劝说。

刘备与孙权在京口（镇江）讨论这件事，是东汉建安十四年（209年）的事。刘备当然希望孙权在赤壁之战大败曹操后，仍退守吴地，让蜀国有更大的发展空间，但孙权则毫不犹豫地表示了自己西进秣陵、北窥徐州的雄心，这是让刘备很失望的。不久以后，孙权果然移驻秣陵。应该说，孙权看中的就是石头山的险要，以及面临大江的极佳形势，和石头山下"小江百余里"，也就是秦淮河及其支流，以及相连的湖泊。

历史上，不少骚人墨客对金陵及石头山的形胜有浓墨重彩的描述。

唐代李白《金陵歌送别范宣》诗的前四句写道：

石头巉岩如虎踞，凌波欲过沧江去。
钟山龙盘走势来，秀色横分历阳树。

诗句盛赞金陵的石头虎踞，钟山龙盘的山川形胜。石头山傲然的气势，像要飞过江去，钟山连绵，与对岸的历阳（安徽和县）烟树横分秋色。

元末陶安《石头山》：

铁壁巉岩扼要冲，古来设险大江东。

半天虎踞山如旧，万壑鲸吞地更雄。

上国控临吴楚郡，西藩环护帝王宫。

当年驻马坡前望，相见金陵气郁葱。

此诗作于朱元璋定都南京，但还没有取得全国性胜利之时。作者写险峻山峰像铜墙铁壁，扼守在这要冲之地。亘古以来，这里是兵家的必争之地。石头山如同虎踞，与龙盘般的钟山平分秋色。作者写出了石头如虎踞，万壑似鲸吞的雄势。诗人还借用诸葛亮的话预言了朱元璋将一统大业的结局。

明代高启《登金陵雨花台望大江》诗前八句写道：

大江来从万山中，山势尽与江流东。

钟山如龙独西上，欲破巨浪乘长风。

江山相雄不相让，形胜争夸天下壮。

秦皇空此瘗黄金，佳气葱葱至今王。

诗句写出了明初金陵被建为国都以后，山川形胜依旧的雄伟气象。这首诗还写到“石头城下涛声怒，武骑千群谁敢渡”，称赞这里在军事上易守难攻的地形。

当代毛泽东《人民解放军占领南京》诗：

钟山风雨起苍黄，百万雄师过大江。

虎踞龙盘今胜昔，天翻地覆慨而慷。

宜将剩勇追穷寇，不可沽名学霸王。

天若有情天亦老，人间正道是沧桑。

毛泽东的诗借用古人古事，表达心志。宣告了反动统治的垮台，南京城的新生，艺术地抒发了将革命进行到底的思想。在这首诗里把金陵及石头山形胜写得气势磅礴，格调高昂，显现一种雄浑、劲健、壮美之风。

二、先有清凉寺后有清凉山名

（一）

佛教自汉代传入中国，进入江南相对较晚。东吴时期，现可考的只有一座建于赤乌十年（247）的建初寺，“因始于佛寺，故号建初寺，因名其地为佛陀里”。但此寺并不在石头山，而是建于雨花台下。

到了东晋年间，金陵一带有明确记录的寺庙达到37座。史志文献中，到了南朝已有数百所寺庙，其地理位置大都较为明确，先在建康城中轴线以西越过秦淮河，逐步发展向中轴线以东的青溪一带，又推进到自鼓楼至覆舟山一线以南。另外在江乘县临江一线，主要是县治所的栖霞山一带。六朝时仍没有在石头山建佛寺的记载。

隋唐时期，金陵佛寺依然主要在牛首山、钟山、栖霞山一带。直至到了晚唐，唐中和四年（884），才有僧人在石头山南麓建寺庙。

南唐时，都城的建设与六朝相比，整体已经南移。南唐建康都城大致范围是：其东侧从今雨花门沿城墙向北，过今东水关，城外开凿东城濠，即今大中桥下向北河道，过复成桥、玄津桥（天津桥）、今逸仙桥，向北至竺桥；由此西折，沿今珠江路南侧城濠南岸，过太平桥、浮桥、北门桥，向西沿今干河沿、五台山麓，再从乌龙潭南岸折至今汉西门，以当时尚通长江的乌龙潭为护城河之一段；其西北角特别拐出，并向南延伸一段；西、南两面的城墙，从今汉西门经水西门至长干里东折经今中华门至雨花门之间位置，城外开挖了护城河。南唐都城从实际需要出发，利用自然山水作为屏障。

南唐都城没有把石头山主峰（今清凉山）纳入城内，其都城西北角特别拐出部分，是石头山南，即今峨眉岭、蛇山小山岗作为都城的城墙，这个突出于方形南唐城墙之外的不规则拐角处，是南唐石头城的北端，都城西北角的重要军事基地。史书中就曾记载“石城故基，又为杨吴稍迁近南”，南唐城墙修筑在“石头岗埠之脊”。南唐时，将六朝石头城位置南移，兴建了石头城，即在今清凉门、汉西门之间。后人曾将汉西门称之石城门。

杨溥顺义四年（924），杨溥重臣营建建康府，在都城西北角城内，今蛇山、峨眉岭附近建了一座寺庙，名为“兴教寺”。升元元年（937），昇州刺史徐知诰夺杨溥国帝位，改姓名为李昪，改国号为“唐”，史称南唐。李昪自幼家境贫寒，六岁丧父，八岁丧母，剃度于开元寺，在青灯古佛相伴下长大。建立南唐后，李昪在建造佛寺、招延僧侣、写经译经等方面都付出了较大的精力和物力。他决定将兴教寺扩建，扩建后更名为“石城清凉禅寺”。寺名所以冠以“石城”，即因正对南唐石头城而得名。南唐先祖李昪所扩建而成的“石城清凉禅寺”，正是在蛇山、峨眉岭，属于石头城内。近人朱偰先生《金陵古迹图考》中复制的《南唐江宁府图》，明确将清凉寺标示于城墙之内，石头城之东。

南唐先祖李昪迎请了当时名僧悟空休复法师在石城清凉禅寺担任住持，传经说法。

李璟943年继位（即中主）改年号升元为保大。李璟继承了其父李昪的佛教信仰，重视佛寺修建，关注僧人的传法活动。悟空休复法师圆寂前，曾致书中主李璟。归终时，寺内僧人聚集撞钟，李璟听到钟声，登高望远以示哀悼。李璟也想学其父辈，扩建寺庙，作为皇家寺院来建设。那时，江淮大地多年干旱，人们饮水困难，李璟下令寺僧寻水源建新址。

南唐保大三年（945），石城清凉禅寺僧人广慧在寺庙西面的山中寻水源，开凿井。当时一共挖了20口井，中主李璟称赞僧人的举动，称这些是“义井”。其中一口井凿于“清凉寺庄七里铺”，即今清凉寺内。清代学者严观在其所著的《江宁金石待访目》对“南唐义井”有记载：“义井记，保大三年立，目见《诸道石刻录》，盖即《建康志》所云，在清凉寺庄七里铺，有僧广慧刻字之井。”这个记载说明清代时“南唐义井”最初凿制于井圈僧人刻上的铭文还存。

这口井位于两座山岗之间，地势由低向高伸展，这里既有一块开阔地，又有了水源，于是中主李璟决定在此兴建寺庙。寺庙建成后，称之为“清凉院”。李璟即把已迎请至金陵报恩寺的文益禅师，请至住持清凉院。文益禅师在此创立了禅宗最后一个宗派——法眼宗，清凉寺也成了法眼宗祖庭。

961年，李璟死。他的第六子李煜继位（即后主）。李煜自幼生活于信奉浮屠的帝王之家，深受佛教思想的熏陶和浸润。李煜对于佛教几乎到了狂热的地步。他下令在京城金陵内外建了许多寺庙，还在宫中修建永慕宫，于苑中建静德僧寺，钟山建精舍，御笔题为“报恩道场”。已经成为皇家寺院的清凉院，李煜更为重视，他将清凉院改名为清凉大道场。

南唐三代君主先后定名的石城清凉禅寺、清凉院、清凉大道场，有了君主的关注支持，其名声越来越响，“清凉”二字深入人心。

（二）

唐代三位诗人写到清凉寺，他们写的是同一座寺庙。

唐代张祜（约782—约852）《清凉寺》：

山势抱烟光，重门突兀傍。

连檐金像阁，半壁石龛廊。

碧树丛高顶，清池占下方。

徒悲宦游意，尽日老僧房。

唐代温庭筠（约812—866）《清凉寺》：

黄花红树谢芳蹊，宫殿参差黛巘西。

诗阁晓窗藏雪岭，画堂秋水接蓝溪。

松飘晚吹摐金铎，竹荫寒苔上石梯。

妙迹奇名竟何在，下方烟暝草萋萋。

唐代唐彦谦（约841—893）《游清凉寺》：

白云红树路纡萦，古殿长廊次第行。

南望水连桃叶渡，北来山枕石头城。

一尘不到心源净，万有俱空眼界清。

竹院逢僧旧曾识，旋披禅衲为相迎。

以上三首诗，诗题都是《清凉寺》，写得最晚的是唐彦谦那首诗，写于874年。

诗里写到寺庙的南面有一方水面，“清池占下方”“秋水接蓝溪”“南望水连桃叶渡”。诗里还写到了寺庙的北面是石头城，“北来山枕石头城”。诗里写到的寺庙环境及地理方位，与后来的清凉寺大不一样，说明唐代这三位诗人写的“清凉寺”，并不是现在的清凉寺。

唐彦谦还写有一首《过清凉寺王导墓下》，说清凉寺地处王导墓附近。历史记载，东晋王导家族的墓在今幕府山。由此可知唐彦谦等三位诗人所写的清凉寺确实不是南唐君主在石头城建的清凉寺。而是在幕府山一带的那座清凉寺。

进入宋代，宋太宗太平兴国五年（980）闰三月，将原来在幕府山的清凉寺迁移到石头山，与原清凉大道场合二为一，称之“清凉广慧禅寺”，规模扩大。北宋几代帝王都曾赐给御书，显然是想以新清凉寺取代南唐清凉院的影响。山随寺名，因为寺庙建在石头山，此后石头山渐渐被叫成了清凉山。因此，先有了清凉寺名，后才有了清凉山名。“清凉”二字，像一面大旗飘扬在清凉山的上空。

三、历经沧桑的清凉寺

（一）

自唐末升元元年(937)在兴教寺基础上扩建为清凉寺，至今已一千多年了。清凉寺建了被毁，毁了再建，历经沧桑。

南宋景定二年（1261）编成的《景定建康志》，是南京现存最早、最完整的一部地方志。这部书里记叙了宋代以前的清凉寺历史。在该书四十六卷“祠祀志”中记载：

> 清凉广慧禅寺，在石头城，去城一里。
>
> 考证：伪吴顺义中，徐温建为兴教寺。南唐升元初，改为石城清凉大道场。国朝太平兴国五年闰三月，改今额。旧传此寺尝为李氏避暑宫，寺中有德庆堂，今法堂前旧基是也。后主尝留宿寺中。德庆堂名，乃后主亲书。《祭悟空禅师文》，乃后主自为之，碑刻今并存。东坡尝舍弥陀画像于寺中。寺有大钟，乃为唐后主所铸。寺有白云庵、翠微亭、不受暑亭、郑介公书堂。《圣宋书画录》云：旧有董羽画龙，李煜八分书，李霄远草书，时人目为三绝。

北宋时，清凉寺是“塔庙当年甲一方，千层金碧万缁郎”，何等辉煌。但后来屡经战火，“遗像有尘龛坏壁，断碑无首立斜阳”呈现了破败景象。宋代周必大《记金陵登览》一文中，记有当时清凉寺的状况：“清凉寺在西门外，即石头城也。前临江，后依山，以其当暑而凉，故以名寺。或谓齐梁之别宫。异时最为名刹。今方葺治，但存形势耳。李氏祭文及堂榜俱存刻石。”

到了明代，南京有着前所没有的历史地位，第一次成为全国统一王朝的都城。明太祖朱元璋较为重视佛教，“大明”国号，就与佛教有关。在佛教里，阿弥陀佛又称为诸佛光明之王，简称明王。朱元璋自居为佛教的明王，建国后，把国号也称为“大明”。

在南京，明政权重点修复了报恩寺、灵谷寺、天界寺。并由此三大寺统管南京全部寺院。由天界寺分管鸡鸣寺、静海寺，还统管清凉寺、永庆寺、瓦官寺、承恩寺等。

尽管清凉寺在当时是中刹等级的寺庙，但还是得到了大修的机会。建文四年（1402）由周王朱橚重修，改额为“清凉涉寺”。寺内建筑有山门三楹、天王殿三楹、钟楼一座、佛殿五楹、伽蓝殿一楹、祖师殿五楹、毗卢殿三楹、禅院三楹，另有方丈室八楹及僧院九房，还有亭台等建筑。

位于风景优美的清凉山，又是如此较大的规模，清凉寺成为当时南京城西著名的佛寺和游览胜地。朱元璋常带着一班臣僚来此观山川形胜，探风水奥秘。他在一首诗中写道:“遥岑峙立势苍然，春日莺啼景物鲜，叠嶂倚天江日外，三山映带石城边。”

明代成化年间，清凉寺建筑多有破损，于成化十四年(1478)进行了一次修缮。当时南吏部尚书云间钱溥写了一篇《重修清凉寺碑》，说明了这次重修的缘由：

> 金陵石城西，古有清凉寺在，吴顺义中，徐温重建，为兴教寺。南唐改石头清凉大道场。朱太平兴国间，改清凉广慧寺。皇明洪武三十五年（建文四年）（1402）周王重建，赐额清凉寺，复命太子少师姚广孝为僧录左善世。迄今余八十年，殿宇脱落漫漶。宣城伯卫颖同主僧德广捐资重建，以成化十四年十月经始，而工毕于明年三月。

明代时的清凉寺，得到及时的维护修缮，始终保持着寺庙的庄严气象，香火一直很旺。在清凉门旁边的城墙上有八块石碑，上面都有“南无阿弥陀佛”字样，石碑上没有年代落款。为何在清凉门旁的城墙上有佛教含义的石碑，现有多种说法。但大多认为，这与清凉寺有关。这些“南无阿弥陀佛”碑很可能是清凉寺僧人嵌到城墙上去的，有礼佛及祈福的含义。

清代雍正二年（1724）清凉寺遭遇天灾人祸，因一场大火，将寺里的大殿烧毁，仅西北隅小屋三四间得以保存。当时寺僧中州以重建清凉寺为已任，四出募捐，准备再建，重现庄严气象。曾官至礼部侍郎的著名文人方苞与寺僧中州法师相从密切，中州约请方苞为之写文章记叙清凉寺重建之事。在中州法师辛勤努力下，于乾隆初年，清凉寺重建完工，规模如前，山门题额恢复“清凉禅寺”。后来，方苞写成《重修清凉寺记》。

重修一新的清凉寺，恢复了金陵城西一处十分清幽的胜迹，也是人们常来焚香拜佛的场所。清代，佛教信仰更为普及到民间，清凉山的清凉寺、地藏寺、扫叶楼善庆寺等香火缭绕，蔚为壮观。在文人的推动下，曾形成金陵四十景或四十八景之说。不论是四十景还是四十八景，都有清凉山一带的“清凉问佛”“石城霁雪”等景点。

清咸丰三年(1853)，太平天国定都南京，改称“天京”。天朝把佛教、道教甚至天主教都视为异教，规定“凡一切妖书，如有敢念诵教习者志概皆斩”，一时“经史文章尽日烧”，历史书籍被大量禁毁。清凉寺也全部被毁弃，瓦砾遍地，杂草丛生，山上的树木也被砍伐一空。

直到清光绪年间，清凉寺才又重建，但重建的佛殿规模局促，全无旧时的气象了。二十世纪二十年代初，日本佛学家常盘大定来南京游历佛教史迹，写有《南京怀古》。其中写道：

“（清凉寺）寺院现今衰败，仅存一殿。殿中尊像似以弥陀为中心，观音、接引二菩萨侍立两侧。二菩萨的前面放置韦陀天。寺中没有任何古碑、古佛、古物。”

二十世纪三十年代初，马光烈在游记《首都名胜》中写道：

“清凉寺，寺位清凉山半腰，寺门红墙，掩映绿树丛筱间，饶有画意。闻此寺系同治初重修，已多圮废。寺后山巅，旧有翠微亭，迭经修复，清高宗南巡时，曾立碑于上。惜光复之役，复毁于兵，今胜迹不可按矣。”

由于那时清凉寺“已多圮废”，以至于民国初编印发行的《南京游览手册》从书，介绍之一的是“陵园”，之二是“石头城（附清凉山）”，仅重点介绍了石头城的景致及历史，而对清凉寺仅介绍是历史遗迹了。但是，清凉寺原有的“清凉问佛”盛况太有名气，清凉寺又是清凉山的主角，不应再衰败下去。所以《南京游览手册》特别写道：“（清凉寺）唯今荒芜凌乱，破坏不堪，亟待修葺整理，以留六朝古迹，为后人凭吊。”

民国政府正待着手修复清凉寺之时，抗日战争爆发了，仅存的大殿遭到战火破坏。

二十世纪五十年代，清凉寺稍有恢复，规模较小，但毕竟香火继续了。“文化大革命”中，清凉寺再遭劫难，寺内仅存的几座佛像被当作牛鬼蛇神拉到街头游行后，作为“四旧”敲毁。仅存的寺院建筑也被改作工厂，原有的山门被拆。

1986年后，清凉寺遗址上建起一排平房，名为清凉寺，已无寺院之实。二十一世纪之交，改革开放，国泰民安，佛法开始昌隆，2009年清凉寺恢复开放，也启动了重振、中兴法眼祖庭清凉寺的工程。

（二）

南唐保大年间，中主李璟在建筑清凉院时即在山顶建清凉台，台上筑暑风楼。南唐后主李煜将此作为避暑行宫，又建不受暑亭，又名翠微亭。相传，李后主多篇千古绝唱均诞生于此。

北宋年间，长期寄居金陵的王安石，以及曾来清凉寺供奉佛像的苏轼都曾流连过翠微亭。一向隐居杭州西湖，“梅妻鹤子”的林逋（和靖）也来此，并作诗盛赞翠微亭：“渺渺江天白鸟飞，石城秋色送僧归。长干古寺径行了，为到清凉看翠微。”著名词人、“苏门四学士”之一的秦观游览此处，在《木兰花慢·过秦淮旷望》词中感慨：“过秦淮旷望，迥潇洒，绝纤尘。……凭高正千嶂黯，便无情到此也销魂。”

到了南宋初年，翠微亭已经不存。南宋绍熙年间（1190—1194）复建成一面亭，格局过小，与周边景观不相称，时有人评价：‘景大而亭小，不可以纵目而骋怀；景四面而亭一面，不可以总观而并览。”淳祐九年（1249），淮西总领陈绮将其扩建成二十四楹的四面亭，粉饰一新，遂成为清凉山顶登临观景的最佳处。陈绮的朋友、资政殿学士吴渊作文记其事，称“翠微之景，实甲于天下”，登亭畅览，南可见方山，北有环滁之山，西面是三山，东面是钟山和鸡笼山。山下的长江银涛雪浪，烟帆渔歌，奔腾入海，昼夜不息。再加上清凉山的云霭出入，烟霞明灭，朝暮四时，千变万化，都是翠微亭中可以观赏的景致。

到了明代中后期，陈沂《金陵世纪》云：“翠微亭石城登临最佳处，今不存矣。”清初余宾硕《金陵览古》记载清凉台“台踞山巅，俯临大江。每秋冬之际，木叶尽脱，夕阳返景，江涛浩渺，人烟寥廓，登此台者，无不感伤摇落，抱子山之哀，增宋玉之悲矣。上有翠微亭，南唐时所建。又有不受暑亭，李后主避暑处也，今废矣。”余宾硕还赋诗云：

“山巅昔日有高台，俯视长江晓雾开。历历帆樯随水逝，滔滔波浪拍天来。月明万井敲砧急，日暮孤城号角哀。楼阁烟云堪入画，登临抚景独徘徊。”清康熙五年（1666）龚贤写诗云:“清凉山在屋边头，送客经过得暂游。台面坐看红日落，大江千里正安流。”“与尔倾杯酒，闲登山上台。台高出城阙，一望大江开。”此时龚贤所见，已只是翠微亭的台基遗址了。

清乾隆年间，乾隆皇帝下江南，曾到清凉寺，扫叶楼。当时翠微亭已毁，两江总督尹继善命在山峰之巅复建，乾隆御题“翠微”额，亭中立一碑，碑面四周雕刻龙纹，碑心刊刻乾隆皇帝第二次南巡时所作五言律诗一首，翠微亭从此成了御碑亭。

清咸丰年间，因太平天国战事，御碑亭被毁。同治年间又得以重建。《同治上江志》载:“地势迥旷，堪称遐瞩。城阛烟树，幂历万家。城外江光一线，帆樯隐隐可辨。江北诸山，拱若屏障，登眺之胜，甲于兹山矣。”陈文述有诗云:“清凉山色几芙蓉，旧是南唐避暑宫。玉辇夜游明月好，娥皇舞罢彩云空。六朝城郭啼鸟外，一枕江流铁笛中。留得翠微亭子在，水天闲话夕阳红。”陈诒绂《金陵园墅志》载“衔远山，吞长江，其西南诸峰林壑尤美;送夕阳，迎素月，当春夏之交草木际天。”

不料到了光绪年间，驻扎在山间的护军管带朱某，竟将这碑亭用来堆放草料干柴，结果不慎失火，亭毁碑残。朱某只得赔出三千金用于重建。1933年出版的《新南京》写到此处：“（翠微）亭在清凉山上，登临远眺，四大皆空，短树数株，参错其前，更增雅趣。”

民国年间，清凉台上建起自来水厂的蓄水池，翠微亭遗址完全被毁。

2014年南京市规划局公布石头城遗址公园的规划方案，其中提到新建“清凉台’，作为登高远眺之地。

后　记

南京“清凉古寺”网，办得很有特色、很有影响。

东南大学人文学院教授、金陵图书馆馆长董群先生在该网开设了《清凉日日禅》专栏。江苏省佛教协会秘书长、清凉寺住持理海师父希望我也能开设一个《清凉茶语》专栏，写一些交流品茗悟道的文字，每周在该网上发一篇。本书中的大多数文章，即在该网专栏上发表过。《清凉茶语》大体包括三个方面的内容：

一是“茶韵”，介绍茶的有关知识；

二是“茶境”，概述茶禅一味的内涵、作用及历史轨迹；

三是“茶心”，叙写清凉山与茶有关的史实，以及抒写与寺院僧人一起喝茶时光的启示与感悟。

在写作构思的时候，我希望找到属于自己内心的平静港湾，期望以清新、充满禅意的文笔，写出一篇篇修行感悟的随笔文字，以能与读者一起静静沉思和交流。愿望如此，但在写作过程中，要实现既定目标实非易事。

进水方知水深。

写作中要涉及禅学佛理，而我总是担心学识不深、修行不够，不负担当。既然文章上网、众人阅读，下笔不可不慎，每每提笔总是惶惑不已。特别是看到发出的《清凉茶语》的一些篇章被国内多个佛学网站转发，更担心误导读者。

感恩众多的增上因缘，使我得以亲近佛教，有机会读些佛学书籍。

庆幸与恩师理海师父结有很深的缘，及时得到他的指导。每当写出文稿把握不定时，总能先听到他的意见。理海师父每年一本的开示集《清凉菩提路》，一直放在我的案头，经常细读、领悟。

这些，让我生活空间更为豁达、明亮，写作更有信心，《清凉茶语》的写作也成了一件快乐的事情。

恩师不仅支持在网上开设《清凉茶语》专栏，而且在结集出书前，对一些文章又斟字酌句，反复推敲，认真把关，展现了一位高僧大德严谨认真的精神。他为本书题词“茶语暖心”，并写了睿智的、热情洋溢的序。

清凉寺是佛教禅宗法眼宗祖庭，在中国佛教文化史上有重要地位，文化底蕴深厚。为了继承发扬其优秀文化传统，理海师父正在主编一套《清凉文丛》，并把《清凉茶语》也列入了《清凉文丛》。感恩理海师父！

《清凉茶语》写作过程中，著名文化学者、作家薛冰先生给予了鼓励与支持。《清凉茶语》在网上发出后，清凉寺寺僧及义工给予了热情地关注和点赞。在此，对他们的支持与鼓励表示衷心的感谢。

谢菊香（道静）是专栏的第一读者，文章发至网络时，是她进行文字编辑，配发照片。特谨致谢意。

江苏随园发展有限公司总经理倪兆利十分关注并支持本书的出版，亲自为本书写了“跋”，并对本书的出版给予帮助，在此表示真挚感谢。

《清凉茶语》附录了记叙清凉山、清凉寺历史的三篇文章，以助于读者对其历史的了解。

《清凉茶语》当初是每周发一篇，时间总是仓促，有不少不尽如人意的地方，希望读者不吝赐教，批评指正。

葛长森

2018年10月

跋

金陵著名的文化茶人葛长森先生的《清凉茶语》出版在即，承蒙厚爱，嘱以写跋，我却迟迟难下笔——这些年，从北京到南京，因茶而结的善缘皆在心中，无以言表。

我真正接触茶比较晚，机缘巧合，2006年在北京筹备一个茶楼才开始认真喝茶、学茶。当时基于市场需求，我大胆地提出了茶餐结合的尚品养生宴，并与团队一起创建了全新的健康饮食商业模式，得到市场认可，小有名气。后来，在茶楼偶然认识了对健康产业情有独钟的丰盛集团董事长季先生，成就了我的金陵之旅。

2015年仲夏之日，在我第四次站在南京博物院的“历史长河”中，突然想到大学时曾读过的《随园食单》，它号称中国第一部饮食文化百科全书、饮食界的《本草纲目》，那么，我们的健康产业何不从光复随园菜单开始呢？经过多方探讨论证，我提出了围绕中国茶文化、饮食养生文化，全力打造江苏省健康饮食文化新名片。经过曲折繁杂的筹备，2017年初春时节，五季随园应运而生。之后，我们花了大量时间研究古都金陵的城市历史、文化、民俗、餐和茶。

为了更好挖掘南京本地茶文化，我第一次按图索骥踏入清凉寺，那一刻，一种自在祥和扑面而来！耳边梵音缭绕，面前香案袅袅，阳光透过参天古树洒落在门前，亲切和感动油然而生。我喜爱这里清新、清雅、清静的自然环境，惊叹于曾经创立禅宗法眼宗的清凉古寺的悠久历史，更在这里与充满睿智慈悲的理海师父结下很深的佛缘、善缘、茶缘。

在这里我还有幸认识了南京茶文化专家葛长森老师。葛老师对袁枚和《随园食单》很有研究，他恰好正在写作《清凉茶语》，我就欣然提出帮助出版此书，以此表达我与茶、与随园、与清凉古寺、与古都金陵的不解之缘！

理海师父常讲："久别重逢就是缘！" 所有的因缘因茶而聚，这是怎样的福气！

我一直在思索，何为清凉茶语？借用理海师父金句："专注当下，净心品茶，杯杯是好茶。"茶无好坏，专心体悟，或苦或甜，皆是苦尽甘来，皆是人生百味，皆是超然智慧。

最后，真诚感谢理海师父开示！真诚感谢葛长森老师信任！感谢东南大学出版社策划编辑许进老师的辛劳！你们让我感受到古都金陵的文化底蕴和真诚！

倪兆利

于南京五季随园

2018年11月1日